复合绝缘子
技术及故障案例分析

FUHE JUEYUANZI
JISHU JI GUZHANG ANLI FENXI

卢　明　主编

中国电力出版社
CHINA ELECTRIC POWER PRESS

内 容 提 要

本书重点阐述了复合绝缘子现场运行及试验、复合绝缘子防覆冰技术、复合相间间隔棒防舞动技术、防舞动相地间隔棒、防风偏绝缘拉索等方面的新技术。

全书共六章，具体内容有复合绝缘子简介及发展历程、复合绝缘子防污闪特性及优势、防覆冰绝缘子技术、复合绝缘子的特殊应用、复合绝缘子性能检测及评价以及复合绝缘子故障案例分析。

本书可供从事输变电运行维护、技术管理、试验研究等工作的人员阅读使用，同时也可供绝缘子生产厂商技术人员学习参考。

图书在版编目（CIP）数据

复合绝缘子技术及故障案例分析/卢明主编. —北京：中国电力出版社，2018.11
ISBN 978-7-5198-2575-1

Ⅰ. ①复… Ⅱ. ①卢… Ⅲ. ①复合绝缘子–研究 Ⅳ. ①TM216

中国版本图书馆 CIP 数据核字（2018）第 241521 号

出版发行：中国电力出版社
地　　址：北京市东城区北京站西街 19 号（邮政编码 100005）
网　　址：http://www.cepp.sgcc.com.cn
责任编辑：薛　红（010-63412346）
责任校对：黄　蓓　太兴华
装帧设计：王英磊　赵姗姗
责任印制：石　雷

印　　刷：北京时捷印刷有限公司
版　　次：2018 年 11 月第一版
印　　次：2018 年 11 月北京第一次印刷
开　　本：710 毫米×980 毫米　16 开本
印　　张：12.5
字　　数：222 千字
印　　数：0001—2000 册
定　　价：56.00 元

编委会

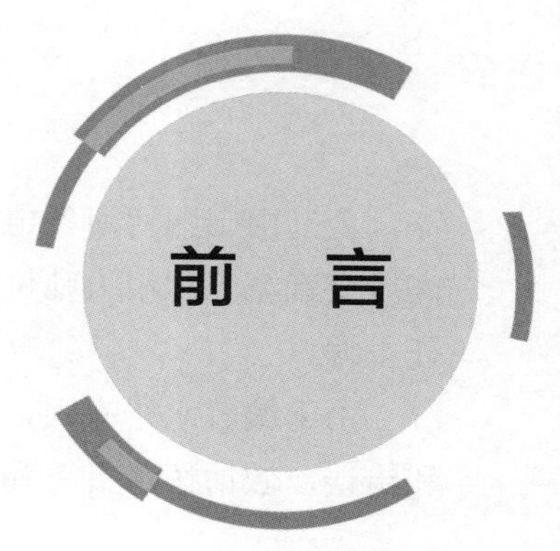

前言

复合绝缘子在我国电网中被大量应用，其优良的防污性能很好地解决了电网的防污闪问题，也正因为这一主要优点使得复合绝缘子在我国大量挂网使用，同时随着其使用数量的激增，由复合绝缘子带来的各种问题也日益增多。目前现场运行维护、技术管理、试验研究等单位的人员迫切需要学习和掌握关于复合绝缘子各方面的知识，包括基本结构、性能检测、事故分析、全过程管理等。

本书基于国网河南省电力公司电力科学研究院 2016 年承担的国家电网公司科技指南项目《特高压交直流工程用大吨位绝缘子运行性能跟踪分析评估研究》的研究成果和近些年多个科研项目，并参考引用了阎东、卢明等 2008 年出版的《输电线路用复合绝缘子运行技术及实例分析》一书中的部分内容，汇集了多年来在复合绝缘子现场事故案例分析方面的经验总结。在此也对几个课题的合作单位：重庆大学、清华大学、华北电力大学等单位表示感谢。本书在编写中，参考和引用了国家电网公司发布的关于复合绝缘子方面的文件和调查报告，并对相关研究成果进行了汇总，谨在此向相关人员表示衷心的感谢。

编者所在单位国网河南省电力公司电力科学研究院近年来在复合绝缘子现场运行及试验、复合绝缘子防覆冰技术、复合相间间隔棒防舞动技术、防舞动相地间隔棒、防风偏绝缘拉索等方面有深入的研究，本书中的许多研究成果是首次公开，对其他单位开展相关研究有很好的借鉴意义。

本书从复合绝缘子的结构、材料、设计、生产、运行、试验等方面入手，重点讲述复合绝缘子最新的几种特殊应用、运行评价以及现场故障实例分析，包括复合绝缘子的一些特殊故障案例等。随着学者对复合绝缘子的深入研究，复合绝缘子技术定会有长足的发展。

全书由国网河南省电力公司电力科学研究院教授级高工司学振担任主审,《特高压交直流工程用大吨位绝缘子运行性能跟踪分析评估研究》课题负责人卢明担任主编。

由于编者水平有限，书中不足或不妥之处在所难免，技术上也可能存在缺点和错误，敬请读者批评和指正。

卢　明

2018年8月于郑州

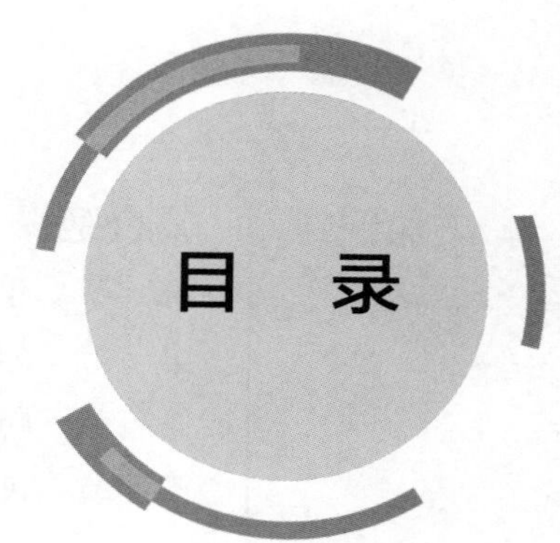
目　录

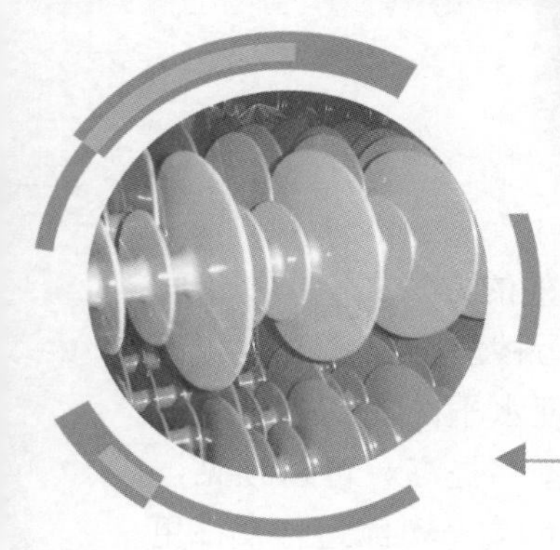

第一章

复合绝缘子简介及发展历程

第一节 复合绝缘子技术发展历程简述

一、国内外研究现状

自20世纪50年代国外就开始研究和使用复合绝缘子，当时主要使用环氧树脂浇注结构，一般安装在户外。20世纪60年代后期出现了由树脂增强玻璃钢芯棒和以橡胶或氟塑料等聚合材料为伞裙护套的复合结构绝缘子，并陆续在30多个国家和地区的各种工业线路和试验线路运行。从20世纪80年代开始国外复合绝缘子推广应用非常迅速，美国是使用复合绝缘子最早和应用最广泛的国家。

国内复合绝缘子的发展和应用至今已有40多年的历史。早期复合绝缘子材质包括环氧树脂、乙丙橡胶、室温硅橡胶等。20世纪70年代，随着高温硫化硅橡胶复合绝缘子在德国的问世，复合绝缘子相对于瓷绝缘子、玻璃绝缘子更加优异的耐污特性等优点充分显现，使复合绝缘子步入了高速发展时期。

我国对复合绝缘子的研制开发始于20世纪80年代初，尽管起步较晚，但起点高。在吸取国外经验教训的基础上，一开始就研制生产出高温硫化硅橡胶绝缘子。国产复合绝缘子从1985年首次挂网试运行至今，得到了生产运行部门的广泛好评，也引起了设计部门的关注。近年来，复合绝缘子不仅在各电压等级交流线路运行调整爬距（简称调爬）中广泛使用，而且在新建线路工程中得到大批量甚至全线路使用。2000年，复合绝缘子开始用于±500kV直流线路；2005年，又在750kV线路中批量使用。

我国电网的高速发展有力地促进了复合绝缘子产业的迅速壮大。目前，我国复合绝缘子的研究、制造和运行已居世界领先水平，运行经验也引起了国际大电网会议（International council on large electric systems，CIGRE）和国际电工委员会（International electro technical commission，IEC）的关注。实际运行表明，使用复合绝缘子是解决我国污秽地区输电线路外绝缘污闪最为有效的方法之一，不仅有效遏制了大面积污闪事故的发生，也大大减轻了繁重的污秽清扫及零值检测等运行维护工作量。随着复合绝缘子制造装备、工艺和管理水平的提高，以及设计和运行经验的积累，复合绝缘子性能将得到进一步改善和提高。可以预见，复合绝缘子必将在特高压电网建设中得到大量应用，为电网安全可靠运行发挥更大的作用。

二、技术发展历程

全国电力系统复合绝缘子挂网运行大致可分为小批量挂网试运行、批量工业性试验及大规模实用化三个阶段。

第一阶段小批量挂网试运行阶段。1981～1988年，是我国复合绝缘子的研制期，1988～1990年期间复合绝缘子的科研工作告一段落，生产出的样品、包括科研过程中的样品开始在各级电网挂网试运行。据统计，最初几年生产厂家较少，只有湖北、河南、上海、内蒙古、山西、京津唐、甘肃和新疆等地的少数供电局试用了约2000支左右的复合绝缘子。

第二阶段批量工业性试运行阶段。20世纪90年代初至90年代中期，是复合绝缘子工业试运行阶段。1990年初华北电网大面积污闪事故，促进了复合绝缘子的生产，并大量的投入电网中运行。到1994年底，挂网运行已达到5万多支，主要集中在污闪多发的东北、华北、西北、华东等地区。在该阶段我国颁布了以国际电工委员会标准为基础的国家行业标准 JB 5892—1991《有机复合绝缘子技术条件》及能源部颁发的〔1993〕45号文件《绝缘子全过程管理办法》，对复合绝缘子的鉴定、订货、验收、运行等提出规定。在这一阶段，早期开发的复合绝缘子胶装工艺逐渐被淘汰，开发采用了护套挤包、伞套粘结式工艺。

第三阶段大规模使用阶段。从1995年至今复合绝缘子受到电力运行部门的广泛好评，复合绝缘子进入全面实用化阶段。它不仅在运行线路和变电站母线吊串的调爬中得到广泛的应用。而且在新建、扩建的线路和变电站大量使用。据不完全统计，至1998年底复合绝缘子上网运行已近50万支。国家颁发了JB/T 8460—1996《高压线路用棒型悬式绝缘子》；国调中心调网也下发了《复合绝缘子使用指导性意见》(〔1997〕93号文件）和《入网合成绝缘子质量保证必备条件》(〔1997〕145号文件)。为规范复合绝缘子生产、适应电力系统大规模使用打下了良好的基础。在这个阶段，复合绝缘子的生产设备、技术和工艺等都得到了迅速的改进和完善；先进的生产设备、测试仪器被采用；芯棒与护套界面由挤包向整体模压和整体注射发展；端部密封由采用常温硫化硅橡胶向采用加密封圈、高温整体注射密封发展；端部金具压接工艺被开发，直流线路用复合绝缘子被开发等。目前我国复合绝缘子的生产制造水平已经达到国际领先水平。

国网河南省电力公司（简称国网河南电力）自1989年试挂复合绝缘子以来，复合绝缘子技术经历了多次进步，伴随每次技术的进步，同步开展了多次复合绝缘子的更换。

（1）在端部压接方面：国网河南电力早期运行的产品（2000年前的产品）多为非压接式生产工艺；2000～2002年为过渡期，使用的产品既有压接式又有非压接式。2002年后使用的产品为压接式复合绝缘子。当前国网河南电力对220kV及以上电压等级线路在2000年前的非压接式复合绝缘子进行了更换。

（2）芯棒方面：国网河南电力乃至整个国家电网公司，2000年以前使用的复合绝缘子，采用的都是E型玻璃纤维普通环氧树脂芯棒，耐酸性能差。2000年以后，随着三峡输电工程的全面启动，大大加速了无硼纤维（electrical grade corrosion，ECR）耐酸玻璃纤维芯棒的研制和开发，耐酸芯棒逐步成为主流。

（3）在伞裙工艺方面：综合河南电网线路复合绝缘子使用情况，经历了单伞伞套套装式工艺、护套挤压+伞裙粘结分装式工艺、伞裙套注射成型工艺三个发展阶段。单伞伞套套装式工艺是我国最早的复合绝缘子生产工艺方法，其粘结质量的分散性大且效率低，因此该工艺不适合大批量生产。同时粘结成形后具有许多粘结界面，这些粘结界面在运行过程中极易发生老化、开裂，最终造成芯棒受潮，影响到复合绝缘子的绝缘性能、机械性能等，严重的时候可能发生向复合绝缘子内击穿或脆断的恶性事故。目前挂网运行的复合绝缘子已经很少有这种单伞套装工艺生产的产品。

（4）端部密封方面：国内多数复合绝缘子厂家生产复合绝缘子的密封工艺是在伞裙护套与金具端面采用高弹性室温硫化硅橡胶粘结剂人工操作密封。这种室温固化粘结密封结构受操作工艺和粘结材质影响，粘结强度和密封性都较差，密封易损坏，难以保持复合绝缘子长期运行的密封稳定性。目前许多厂家和科研机构正在进行密封结构的研究工作。改进后的工艺采用高温整体注射成型工艺，在高温、高压注射胶料的过程中，胶料的流动可将端部密封处的空气充分挤出，在金具内外表面形成两道密封层，相对于传统的密封结构，粘结效果有了很大的提高。

三、复合绝缘子使用情况分析

目前，110kV和220kV线路已全面使用复合绝缘子，500kV线路悬垂串已经大面积使用复合绝缘子，特高压交直流线路悬垂串也广泛使用复合绝缘子。特高压直流线路耐张串也试点应用复合绝缘子，复合绝缘子使用率越来越高。

以国网河南电力为例：河南电网自 1989 年开始复合绝缘子试点运行并逐渐推广，大范围使用和推广复合绝缘子开始于 2000 年左右，2006 年前后力度最大。截至 2015 年底，河南省输电线路已安装复合绝缘子 416 774 串（110kV 及以上线路）。各电压等级线路使用情况见表 1－1。

表 1－1　各电压等级线路使用情况

电压等级（kV）	线路长度（km）	绝缘子总串数	复合绝缘子串数	复合绝缘子使用率（%）
1000	342.8	5341	4300	80.51
±800	147.78	2424	1636	67.49
500	6991.7	96 433	73 189	75.90
330	140.29	2736	1422	51.97
220	15 870.2	193 481	150 765	77.92
110	19 672.2	251 067	186 884	74.44

以特高压线路为例：通过对国家电网公司范围内特高压线路绝缘子的使用情况进行全面的收集与分析，统计了全国 14 个省市的 420kN 以上大吨位绝缘子挂网情况，具体包括河南、湖南、甘肃、浙江、湖北、河北、江西、江苏、宁夏、山东、上海、天津、新疆、重庆。这些省（自治区、直辖市）均有长期的特高压线路运维的历史和经验，各自运维特高压交直流线路的具体情况见表 1－2。

表 1－2　各省份运维特高压交直流线路情况

省（自治区、直辖市）	1000kV		±800kV	
	条数（条）/全长（km）	杆塔数（基）	条数（条）/全长（km）	杆塔数（基）
河南	2/342.8	698	2/709.5	1378
湖南	—	—	3/1386.814	2948
甘肃	—	—	1/1350.73	2644
浙江	10/1347.47	1704	4/534.33	1027
湖北	1/180.289	357	2/981.476	1968
河北	5/656.99	944	—	—
江西	—	—	1/449.8	909
江苏	8/382.79	375	2/65.149	144

续表

省（自治区、直辖市）	1000kV		±800kV	
	条数（条）/全长（km）	杆塔数（基）	条数（条）/全长（km）	杆塔数（基）
宁夏	—	—	2/194.375	357
山东	2/155.498	155	—	—
上海	4/147.336	188	1/106.14	264
天津	8/578.650	1128	—	—
新疆	—	—	1/165.632	327
重庆	—	—	2/575	1114

统计之后得到，这 14 个省（自治区、直辖市）所运维的特高压交流线路全长 3791.823km，±800kV 线路全长 8393.086km。在特高压交直流线路上，使用的绝缘子有瓷绝缘子、玻璃绝缘子和复合绝缘子。总体来看，复合绝缘子占特高压线路总串数的 57.02%。所采样 14 个省（自治区、直辖市）绝缘子使用情况见表 1－3。

表 1－3　　所采样 14 个省（自治区、直辖市）绝缘子使用情况

省（自治区、直辖市）	瓷绝缘子（串）	玻璃绝缘子（串）	复合绝缘子（支）	复合绝缘子占比（%）
河南	2585	1831	5588	55.86
湖南	15 448	2184	13 098	42.62
甘肃	0	2258	9356	80.56
浙江	3148	5640	12 958	59.59
湖北	3266	780	9288	69.66
河北	3126	2574	7884	58.04
江西	326	284	1520	71.36
江苏	764	76	2274	73.03
宁夏	776	772	2416	60.95
山东	1086	0	1856	63.09
上海	2606	2376	3702	42.63
天津	5618	0	7102	55.83
新疆	4	266	1512	84.85
重庆	4442	6	4028	47.52
合计	43 195	19 047	82 582	57.02

第二节 复合绝缘子结构

复合绝缘子是由芯棒、伞裙护套、粘结层、金具和均压环组成。

一、芯棒

（一）概述

芯棒是复合绝缘子机械负荷的承载部件，同时又是内绝缘的主要部分，要求它有很高的机械强度、绝缘性能和长期稳定性。

玻璃纤维是芯棒的骨架，是主体。将玻璃纤维高温熔融成直径≤10μm 左右、外表光滑的圆柱状纤维，其拉伸破坏应力高达 1000～1500MPa。以环氧树脂为基体材料，通过硅类表面处理剂固化成形，将玻璃纤维粘合成整体，从而组成环氧玻璃引拔棒，以此来承受和传递机械负荷。在芯棒中，玻璃纤维的含量一般在 60%～80%，所以引拔固化后的环氧玻璃纤维引拔棒的抗张强度大于 600MPa 以上。这样引拔棒抗张强度大约是普通碳素钢的 2.5 倍。如ϕ18mm 芯棒的抗张强度可以达到 130～170kN。ϕ50mm 芯棒可以生产额定荷载 1000kN 的复合绝缘子。玻璃纤维引拔棒的强度大，而单位长度的质量小，仅为钢材的 1/4 左右。同时环氧玻璃纤维芯棒还具有良好的抗弯曲性能，图 1－1 所示是正在进行的复合绝缘子芯棒弯曲强度试验。

图 1－1　复合绝缘子芯棒弯曲强度试验

同时芯棒材料中，由于玻璃纤维与环氧树脂交接面具有吸振的能力，因此对振动的阻尼很高，其减振能力比金属优越，这对于长期承受由于导线传递的微风频率振动是有好处的，根据试验，当纤维增强型材料出现一定损伤后，还可以经受上万次交变应力循环作用。而金属材料一旦出现疲劳裂纹后，经过很少次数的交变应力循环，就会很快发生突然断裂，所以复合绝缘子中的环氧玻璃纤维引拔棒的抗疲劳性能比金属优越。正因为如此，所以它为制造尺寸小、承受大拉力的复合绝缘子的制造提供了有利的条件。

按构成芯棒的主要材料玻璃纤维的性质分类，目前国内外存在着四种质量不同、性能不同、价格也不同的环氧玻璃纤维芯棒。

（1）E 型玻璃纤维普通环氧树脂芯棒：不耐酸、抗拉强度 600～800MPa。

（2）E 型玻璃纤维改进型环氧树脂芯棒：耐酸性能不良、抗拉强度 600～800MPa。

（3）ECR 型耐酸玻璃纤维改进型环氧树脂芯棒：耐酸、抗拉强度＞1000MPa。

（4）ECR 改进型耐酸高温玻璃纤维芯棒：耐酸、耐高温、抗拉强度＞1000MPa。

据相关资料统计，2000 年以前生产的复合绝缘子采用的都是 E 型玻璃纤维普通环氧树脂芯棒，耐酸性能差。2000 年以后，随着三峡输电工程的全面启动，大大加速了 ECR 耐酸玻璃纤维芯棒的研制和开发。

（二）耐酸芯棒

最新研制出的 ECR 耐酸玻璃纤维芯棒具有比普通芯棒更好的耐酸性能，可以大大降低脆断发生的可能性。复合绝缘子的脆性断裂（简称脆断）事故对电力系统危害十分严重，成为生产厂家和电力部门非常关注的问题。目前所有脆断均发生在 E 纤维制成的普通芯棒上。国内外研究者一般都认为脆断是由于承载的绝缘子芯棒受到酸蚀环境的腐蚀作用而发生的，并称之为应力腐蚀。自从输电线路中的复合绝缘子发生脆断事故以来，德国赫斯特陶瓷公司从提高芯棒的耐应力腐蚀性能出发，改变原来芯棒中使用的 E 玻璃纤维，采用一种他们称之为 ECR 的无硼纤维，生产出耐应力腐蚀性能大大提高的芯棒。近年来，国内外大多数芯棒厂家都采用 ECR 纤维生产芯棒，并推荐了关于复合绝缘子用芯棒耐应力腐蚀性能的试验方法。这种芯棒逐渐得到了用户的认可，普遍称这种提高了耐应力腐蚀性能的芯棒为耐酸芯棒。但不是所有 ECR 纤维芯棒都具有很好的耐酸性能，所以应选用耐应力腐蚀性能较好的耐酸芯棒。

对于耐酸芯棒的定义，国内外没有统一明确的规定，目前大致认为能达到应力腐蚀标准的芯棒为耐酸芯棒。我国 DL/T 810—2002《±500kV 直流棒性悬式复合绝缘子技术条件》中规定应力腐蚀标准为：芯棒在 67%的额定载荷（S.M.L.）下，在浓度为 1mol/L 的硝酸溶液中不间断耐受 96h。

以 ECR 纤维材料为基材生产耐酸芯棒。自从使用以来，未有过脆断事故。研究也表明，采用 ECR 纤维制成的耐酸芯棒的耐应力腐蚀性能得到了极大的提高。特高压输电线路对线路的安全稳定性要求更高，复合绝缘子的脆断也成为考虑的一大问题，而对于耐酸芯棒的长期性能目前还没有最终的认识，采用耐酸芯棒后，复合绝缘子是否不发生脆断，仍然很难回答。

清华大学的有关研究结论表明：

（1）即使是已经达到现有应力腐蚀试验标准的耐酸芯棒，耐应力腐蚀性能之间也仍存在较大差别，耐应力腐蚀性能更好的耐酸芯棒，在非常严酷的条件下也极难发生脆断。

（2）耐酸芯棒在某一浓度的酸液环境和表面刻痕的条件下，存在一个导致其断裂的临界应力值，临界断裂应力值随酸液浓度和表面微裂纹深度的增加而减小，反映了芯棒耐应力腐蚀性能的差异。

（3）复合绝缘子芯棒应用于特别重要的工程时，可以适当提高现行应力腐蚀试验标准的要求，以挑选出性能更加优异的耐酸芯棒。

（三）芯棒的生产工艺

从芯棒的生产工艺上来看，也有两个明显的阶段。早期用于连续生产玻璃纤维型材（FRP）的拉挤生产工艺均采用开放式浸胶，在常压下使玻璃纤维通过胶槽浸胶，然后经过成型模固化成型，经牵引机拉出，制造出各种 FRP 型材。由于玻璃纤维在经过浸胶槽时，是在常压状态下进行的，因此很容易发生玻璃纤维浸胶不透和夹带气泡，产品性能受环境影响大，这样大大影响到了复合绝缘子的运行性能。目前已经有厂家和科研单位研制出新型芯棒生产工艺——连续树脂传递模塑（Continuous Resin Transfer Modeling，CRTM）新工艺（习惯上称作芯棒的注射拉挤工艺）。通过这种新工艺生产出来的玻璃纤维芯棒具有以下明显的优点：玻璃纤维与树脂充分浸透；气泡含量少；芯棒玻璃纤维含量高；机电性能优良；注射的树脂一直保持有相同的固化特性；芯棒透明，使产品缺陷（如夹杂、结砂、气泡多等）易于发现和剔除。

目前，利用这种工艺的芯棒已经投入批量生产，也正在被越来越多的复合绝缘子生产厂家所采用。

复合绝缘子的在输电系统中具有重要的作用。运行过程中，由于受到外界环境和运行条件的影响，环氧玻璃引拔棒中的玻璃纤维易遭受水的侵蚀，会造成芯棒力学性能的下降，同时如果长时间浸水后会使树脂发生水解而损坏，最终导致电性能的变坏。芯棒在干燥的正常状态下，工频击穿强度是很高的，大于 12kV/cm，冲击击穿强度达到 100kV/cm。但一旦受潮后，绝缘强度迅速下降，甚至丧失绝缘能力。所以环氧玻璃纤维棒作为绝缘子芯棒时，应保证芯棒不受水的侵蚀，以确保芯棒的机械强度和绝缘水平。

二、伞裙、护套

伞裙和护套是复合绝缘子的外绝缘部分，其作用是使复合绝缘子具有足够高的防污闪和雨闪的外绝缘性能，以保护芯棒免遭外部大气的侵袭。伞裙和护套常年暴露在户外大气中，经受日晒、雨淋、酷暑、严寒等各种恶劣气象条件，承受自然（飞尘、盐碱）和各类工业污染，它在污秽潮湿条件下可能遭受火花放电或局部放电的烧蚀。通常要求伞裙和护套必须具有优良的耐污闪性能、耐漏电起痕性能和耐电蚀性能，以及耐臭氧、耐高低温等大气老化作用。复合绝缘子的优异耐污闪能力主要是由伞裙和护套的材料决定的，它直接关系到复合绝缘子的长期老化问题。

（一）伞裙设计

复合绝缘子的伞裙形状合理性不及瓷绝缘子和玻璃绝缘子。复合绝缘子结构细长，沿面电场分布不均匀，在伞裙护套与端部金具连接处的场强最高。伞裙的表面电流密度正比于局部场强，同时也取决于该处的表面积，圆柱直径越小的表面其电流密度越大。电流密度太大会导致局部电弧，局部电弧不但会造成端部密封的劣化，而且会使伞裙表面憎水性受到影响。同时在运行中易使相邻伞裙间局部爬电距离被空气短路和发生伞裙间飞弧短接，使其爬电距离减少，造成复合绝缘子的不明闪络。尤其是在运行若干年后，憎水性部分或完全丧失后，这种现象更易发生。因此不同的伞裙设计对复合绝缘子的耐污性能、电气性能和使用寿命都有重要的影响。一种好的伞形结构，应该充分兼顾各参数的配合，使之不仅具有相应的爬距和较好的防污性能和自洁性能，还要能够避免伞间电弧桥接的可能，从而使爬距能够被充分利用。

伞裙设计中伞间最小距离 C 和爬电系数 C.F 是两个非常重要的参量。

伞间最小距离 C：指具有相同伞径的相邻大伞，上面的一个伞的滴水缘最低点到下一个伞表面的垂线长度。如图 1－2 所示。

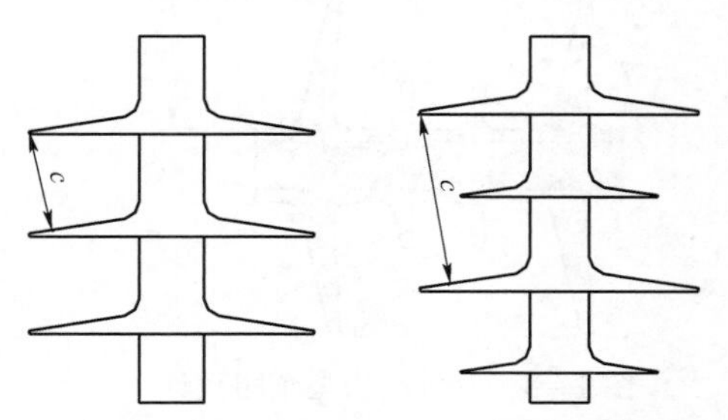

图 1－2 等径伞与大小伞伞间最小距离示意图

爬电系数 C.F：是整体绝缘子尺寸的设计参数，指绝缘子总的爬电距离与绝缘子两电极间沿空气放电最短距离之比。

GB/T 26218.3—2011《污秽条件下使用的高压绝缘子的选择和尺寸确定，第 3 部分：交流系统用复合绝缘子》中对伞裙形状做了明确的推荐：大小伞推荐 C 值不应小于 70mm；对于等径伞推荐 C 值应不小于 35mm。对于所有污区等级推荐 C.F 应不大于 4.4。

现在一些厂家及科研机构在上面基础之上对伞裙的设计又进行了改进，图 1－3

就是一种改进空气动力型伞裙设计。这种结构设计采用大小伞设计，不仅可以改善外绝缘特性，提高污秽耐受电压，而且还可以增强复合绝缘子在空气中的自洁能力。该设计伞形的主要技术参数如下：

（1）伞间距/伞伸出（H/L）大于或等于 1；

（2）伞边缘最薄处大于或等于 4mm；

（3）伞根部最厚处小于或等于 12mm；

（4）护套厚度大于或等于 5mm；

（5）伞间距取 75～100mm。

另外，高压端第一伞裙片位置的不同对复合绝缘子的电气性能也有较大影响。根据法国塞迪威尔公司对不同设计伞裙进行的电场分布计算，设计 A 为第一个伞裙与端部金具之间有较长距离的护套；设计 B 为第一个伞裙护套直接嵌固在端部金具的唇沿上。具体结构如图 1－4 所示。电场分布计算表明：在相同的电压下，设计 A 中在护套与护套、空气、端部金具三者连接区域的场强比设计 B 的高出 30%。而且在严重污染以后遇潮湿条件时，设计 A 中绝缘子表面泄漏电流远高于设计 B。因此优良的伞裙端部连接部位的优化设计，对减少局部放电电弧、缩短放电时间也是至关重要的。

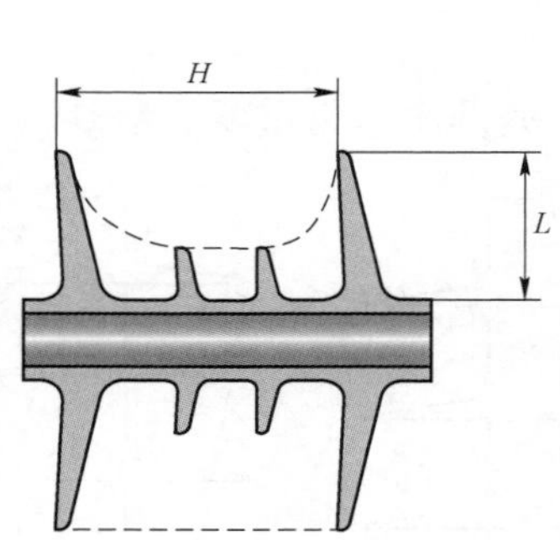

图 1－3　空气动力型伞裙设计

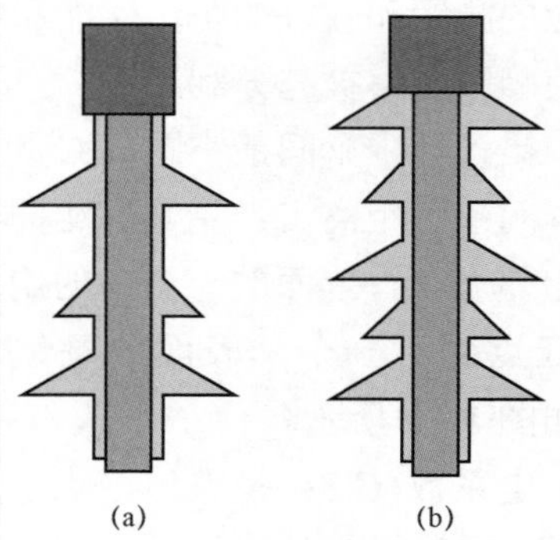

图 1－4　伞裙结构设计

（a）伞裙套设计 A；（b）伞裙套设计 B

综上所述，伞裙形状设计和端部伞裙连接部位优化设计的研究可以提高复合绝缘子自身的电气性能，改善复合绝缘子端部电场分布，减少局部放电电弧对伞裙的蚀损；提高复合绝缘子的耐污性能和自洁能力；消除伞间飞弧短接现象，充分利用复合绝缘子的爬电距离。因此应加强复合绝缘子伞裙的专门研究，总结试验与实际运行数据，确定其更加合理的伞裙结构。

（二）伞裙护套材料

复合绝缘子伞裙护套是以硅橡胶材料为基体，添加偶联剂、阻燃剂、补强剂、抗老化剂等填料经高温硫化而成。国内生产的复合绝缘子的伞裙护套材料主要是由甲基乙烯基硅橡胶材料为基体，分子结构如图 1－5 所示。

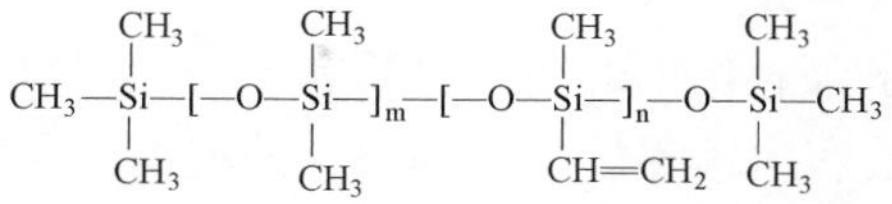

硅橡胶分子主链是由硅氧链有规则排列成长链的聚合物。主链中的 Si－O－Si 与 O－Si－O 的键角较大，整个链型分子呈螺旋状的结构，使 Si－O 键的极性相互抵消。连接在主键外侧的是具有低表面能的小分子非极性羟基团（主要是甲基）和游离态的有机硅低聚物，围绕着 Si－O 键轴有较大的旋转自由度，对 Si－O 键的极性又起到了一定的屏蔽作用。因此，它具有其他高分子材料无法比拟的优异性能。下面是硅橡胶材料的一般性能：化学性能稳定；优良的耐高、低温性能；耐大气老化性能；耐臭氧老化性能；添加了补强剂、阻燃剂等填料后大大提高了硅橡胶材料的机械性能和耐漏电起痕、电蚀损性能。

$$CH_3-\underset{CH_3}{\overset{CH_3}{Si}}-[-O-\underset{CH_3}{\overset{CH_3}{Si}}-]_m-[-O-\underset{CH=CH_2}{\overset{CH_3}{Si}}-]_n-O-\underset{CH_3}{\overset{CH_3}{Si}}-CH_3$$

图 1－5 甲基乙烯基硅橡胶材料分子结构图

通过上面对硅橡胶材料的分析我们可以发现，整体上聚硅氧烷分子呈很弱的极性，硅橡胶材料的表面能很低。水在表面能很低的有机材料表面会形成一种相互分离的水滴或水珠状态，因此硅橡胶材料具有良好的憎水性。复合绝缘子最重要的特性是憎水性和憎水迁移特性，它决定了复合绝缘子的优异的耐污性能，是复合绝缘子适用于污秽地区外绝缘的关键因素之一。

但是，硅橡胶分子间的距离大，分子间作用力弱，这样就造成了硅橡胶本身的机械强度不高，比一般橡胶的强度要低；同时它的硬度、耐磨性较差；耐漏电起痕，耐电蚀损性能也不高。这些弱点可以通过在硅橡胶中添加补强剂和阻燃剂等填充剂来改善其性能。下面是某复合绝缘子生产厂的硅橡胶配方：甲基乙烯基硅橡胶（110－2 型），补强剂（2 号气相白炭黑），阻燃剂（超细氢氧化铝微粉），着色剂（氧化铁红或色素炭黑），化学助剂，硫化剂。

补强剂可以提高硅橡胶的机械强度，效果较好的是气相白炭黑，这是一种很小的多孔 SiO_2。添加适量的气相白炭黑可以使抗张强度达 3～6MPa，抗撕裂强度可达 5～15kN/m。

添加三水合氧化铝（$AL_2O_3-3H_2O$ 也称氢氧化铝）作为阻燃剂可大幅度的限制耐漏电起痕和电蚀损。它的作用机理是当电弧燃烧时材料局部表面温度显著升高，三水合氧化铝加热到 220℃左右的时候会迅速分解出结晶水并吸收大量的热

量，从而降低材料表面的温度。其反应方程式为

$$AL(OH)_3 \xrightarrow{\Delta} AL_2O_3 + 3H_2O - 71.6kcal$$

分解出来的结晶水在 AL_2O_3 的催化作用下可与有机材料高温分解时产生的游离碳发生反应，产生气态的 CO、CO_2，防止形成导电的碳化通道。同时在添加三水合氧化铝的同时再添加一些金属氧化物与它协同作用，会使硅橡胶的耐漏电起痕和电蚀损性能得到很大的提高。

添加填充剂可以提高硅橡胶的某些性能，同时还可以降低复合绝缘子的成本。但是填料的加入对硅橡胶本身的性能产生了影响。补强剂可以提高硅橡胶的机械强度，但是会降低硅橡胶制品的电阻和工频击穿电压，增大工频相对介电常数和介质损耗；阻燃剂虽然可以提高制品的耐漏电起痕和电蚀损性能，但会减弱硅橡胶材料的憎水性能。

由于不同厂家硅橡胶材料的配方不同，硅橡胶复合绝缘子的憎水性也存在较大的差异。根据长期的生产实践，综合考虑伞裙护套材料的抗撕裂性能、耐电弧性能、憎水性能、抗老化性能等，对配方中各种原材料填充物必须进行控制：

（1）纯硅橡胶的含量应大于 40%；

（2）填充的氢氧化铝微粉含量应小于 40%。

硅橡胶配方中，所有填充进去的无机物，都不具备憎水性和抗老化性能，憎水性和抗老化性能都是通过硅橡胶本身的特性来实现的。混炼胶料时，通过硅橡胶把所有无机物都包裹起来，使胶料对外界显示出硅橡胶的憎水性和抗老化性能，总之硅橡胶的含量不能太少，填充无机物的总量也不能太多。图 1－6 所示为具有良好憎水性的复合绝缘子憎水性示意图。

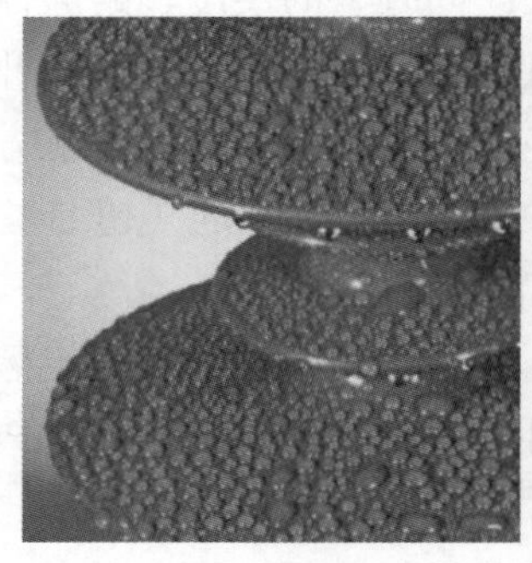

图 1－6　具有良好憎水性的复合绝缘子示意图

同时硅橡胶材料在沉积覆盖污层后，污层表面也会呈现憎水性，水分在污层

表面不会形成连续的水膜，而凝聚成彼此分离的水珠，较大的水珠在重力作用下从表面滑落，这就是硅橡胶材料特有的憎水迁移特性。目前关于硅橡胶材料憎水迁移性机理研究还在继续，说法不一，但有一点是共同的：憎水性迁移现象因硅橡胶材料品种、胶板厚度、污层厚度，以及环境温度的不同而有明显的差异。过量的固化剂会使硅橡胶憎水性迁移的速度减慢。薄污层（0.45mm 以下）的憎水性迁移可以在 24h 内完成，大于 0.6mm 的污层可以在几天甚至是 1～2 周才能完成憎水迁移。现场运行的复合绝缘子积污时间都很长，污层表面一般都具有明显的憎水迁移性。

正是由于硅橡胶材料具有这两种优良的特性，在湿润的环境下污层不易受潮，仅有较少一部分盐能够被溶解，绝大多数的污秽不能被溶解成导电的离子，这就有效地限制了污层表面的泄漏电流，难以形成局部电弧，不易发生沿面污秽闪络。因此复合绝缘子在污湿环境中显示出了优异的耐污性能。

三、端部连接结构

复合绝缘子的芯棒是承受拉力的绝缘部件，但是导线的负荷是通过端部接球头传递的，端部连接处是复合绝缘子机械应力最集中的地方，不同连接结构导致不同程度的应力集中。采用芯棒相同，端部连接结构不同的产品，其机械强度也是不同的。因此端部连接结构质量的好坏直接决定芯棒高强度性能的发挥，也是充分利用芯棒强度和决定复合绝缘子机械特性的关键。目前复合绝缘子端部连接的方式主要是楔接式、压接式两种。其中楔接式又细分为外楔式、内楔式、内外楔式三种。另外目前应用的复合绝缘子端部连接结构还包括胶装粘结式等其他形式。

（一）胶装粘结式和螺纹粘结式结构

胶装粘结式和螺纹粘结式连接结构都是我国自主开发的端部连接结构型式。胶装粘结式是采用与芯棒有较高粘结强度的环氧树脂类胶合剂，用胶装工艺在高温下使胶合剂和芯棒端部粘结成一倒锥型整体。胶装式端球头连接结构如图 1－7 所示。胶装工艺要求胶合剂仅与芯棒粘合，而不与金具内腔粘结，以保证在施加外力时倒锥形整体可以在金具腔内移动，使连接结构具有预紧力自锁的特点。这种结构仅上海虹桥电力设备制造公司、西安电瓷研究所两家的产品采用此种结构，用量较少，结构的长期稳定性仍需考核验证。

螺纹粘结式结构是将芯棒端部和金具内腔车上螺纹，嵌上铁丝，并用粘连剂粘结。螺纹式端球头连接结构如图 1－8 所示。由于这种结构将芯棒纤维车断，不仅减少了金具与芯棒的有效直径，而且减少了金具与整体芯棒的粘结界面。降低了芯棒本身的机械强度和绝缘子的强度。另外，相对于相同额定机械破坏负荷的复合绝缘子，这种结构的芯棒直径要比其他连接结构大，粘结界面要长。上面所介绍的这两种结构，由于自身的特点，目前难以胜任高强度要求的复合绝缘子。

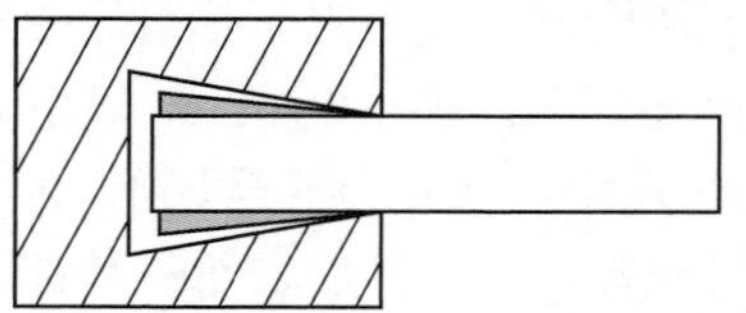

图 1－7　胶装式端球头连接结构

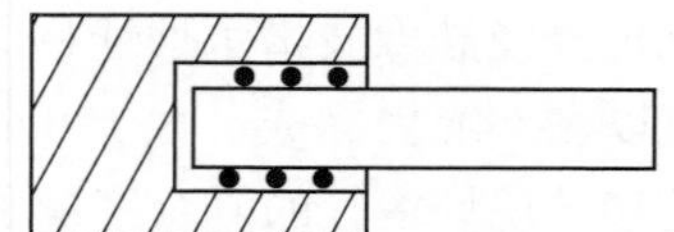

图 1－8　螺纹式端球头连接结构

（二）楔接式连接结构

我国楔接式连接结构有外楔式、内楔式和内外楔式三种结构。关于楔接连接方式端球头结构如图 1－9～图 1－11 所示。

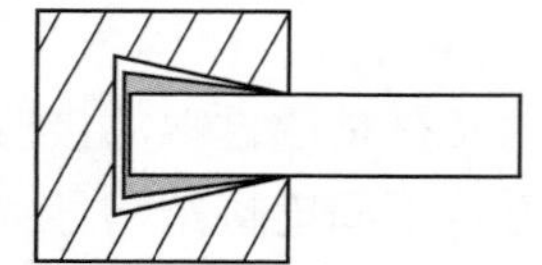

图 1－9　外楔式端球头结构

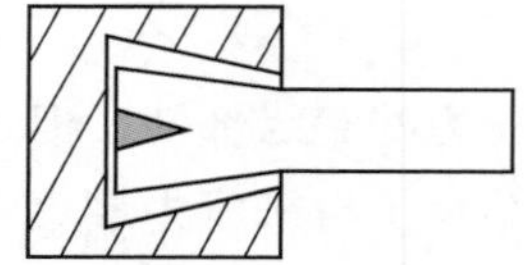

图 1－10　内楔式端球头结构

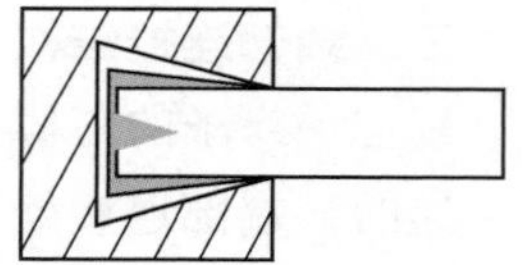

图 1－11　内外楔式端球头结构

外楔式结构是把端球头部的金属内腔做成锥形，套在芯棒的端部，再把三个呈环状弧形的外楔块均匀侧插入锥形内腔与芯楔之间。该连接结构是利用结构预紧力自锁的原理：当楔块与芯棒之间的摩擦系数较大、楔块与金具内腔之间的摩擦系数较小、锥度配合理想时，在施加外力或温度变化时可使外楔块始终保持与芯棒的同步移动，由楔块与芯棒之间的压应力所产生的摩擦力来承载。外楔式结构的特点是不破坏芯棒的整体性，但对金具内腔、楔块的尺寸要求高，生产工艺难度大，加工的接球头强度不易稳定，分散性较大。

内楔式是将芯棒端部锯开一条切口，在切口压入楔形的金属件，而芯棒外部是用一个锥形内腔的金属筒体套箍。该结构同样是利用预紧力自锁的特点：当施加外力或在运行中遇到冲击荷载，会造成芯棒外移，此时，内楔块与芯棒同步外移，使芯棒在金具内腔保持夹紧状态。内楔式结构的特点是组装工艺简单，接球头强度稳定、分散性小、拉伸强度高。缺点是破坏了芯棒的完整性。若端部密封不好，潮气进入锯开的缝隙中将给芯棒的劣化带来严重威胁。

内外楔连接结构是为了改进外楔式结构强度不高、稳定性不好的缺点而提出的一种连接结构。它结合了内楔式与外楔式的特点，在端部同时采用内、外楔式两种结构为一体的结构，只是在芯棒端部锯开缝隙的长度和嵌入的内楔块比内楔式结构的要小。这种结构是想通过较小的内楔块产生的预紧力自锁性能降低外楔式因生产工艺难度高造成接球头强度分散性大的问题。目前这种结构应用量不大，还需要现场运行检验。

（三）压接式连接结构

压接式连接结构型式如图 1－12 所示。压接式连接结构是采用专用的压接设备多压球头对心径向挤压，促使金具产生塑性变形套接在芯棒端部。在金具和芯棒的接触面上产生一定的预压应力，在施加外力时预压应力转变为轴向摩擦力而承载。这种结构的优点是接球头体积小，不破坏芯棒的完整性，生产效率高。由于这种结构属于非自锁结构，因此必须完全依靠金具对芯棒的轴向摩擦力来防止芯棒在承受外力时可能出现的任何滑移和破坏。

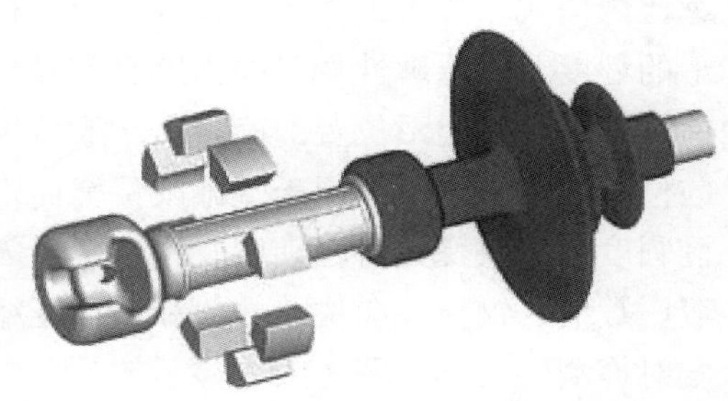

图 1－12　压接式连接结构

接触面上的静摩擦力取决于表面正压力和摩擦系数。金具和芯棒两种材料的表面硬度差别很大，制造中压力不足，会导致机械强度不够；压接力过大可能使芯棒产生损伤。此外，金具与芯棒的热膨胀系数相差较大，两者之间的压应力状态会因环境温度的变化而不同。低温下芯棒尺寸的收缩比金具大，这时就要求压接生产过程中施加足够的预压应力；高温情况下，芯棒尺寸的膨胀量又比金具大，进而加大了应力，从而可能造成金具和芯棒的损坏。因此，压接式连接结构对压接工艺、金具和芯棒材料的性能必须有严格的要求。应该对诸多的因素加以考虑，选择合理的压接力、压接方式，既保证绝缘子在低温下的承载能力，又保证了高温状态下芯棒纤维和金具不受损坏。

若要保证压接质量需要从下面几个方面入手：

（1）钢模挤压面的形状、数量对压缩量的影响。挤压套筒使钢模产生塑性变形。其挤压面的形状、数量与塑性变形的套筒和弹性变形的芯棒之间形成圆滑的圆柱形配合面有直接关系。而圆滑的圆柱形配合面对形成理想压缩很重要。

（2）轴向长度对芯棒配合面受到压缩量的影响。端部附件的套筒外圆表面受挤压的轴向长度要大于其内腔芯棒配合面产生最佳压缩量的轴向长度。在设计套筒外圆表面受挤压的轴向长度时，不仅要根据轴向负荷、芯棒直径等参数，还应考虑到芯棒配合面受到的压缩量。无论是在轴向、径向和端部附件套筒外圆表面受挤压的压缩量是有差异的。相关研究成果表明轴向长度不小于被压缩的套筒外圆周长的 50%，若是达到 70%会压缩的更均匀。

（3）压接式装配应力的调控与监测影响。芯棒插入压接式端部附件的套筒内腔后，用八个钢模，在外力作用下，从圆周上八个位置同时以向心方向对套筒外圆表面进行挤压，使套筒变形，达到内壁收缩致使套筒内壁和芯棒配合面直接接触。这样，装配外力没有经过分解、传递而直接作用于配合面。装配应力的调控远比内楔式、外楔式简单、精确。由于材质差异，在相同压力下，钢套筒塑性变形的程度及芯棒弹性变形的力度有差异，但对调控难度无实质性影响。钢套筒塑性变形的最终定形位置的确定，一般可用驱动挤压钢模的液压数值或挤压钢模径向位移数值来定位。由于端部附件套筒内腔配合面的加工精度、芯棒外径误差、椭圆度及材质变化引起硬度及弹性模量 E 的变化，导致套筒内壁最终定形位置的液压数值、钢模径向位移数值和预期压缩量发生偏差。偏差的测量可利用“超声发射检测”仪器，图 1－13 显示的是压接过程中的质量监测系统，采用压力监测和超声监测相结合的手段。

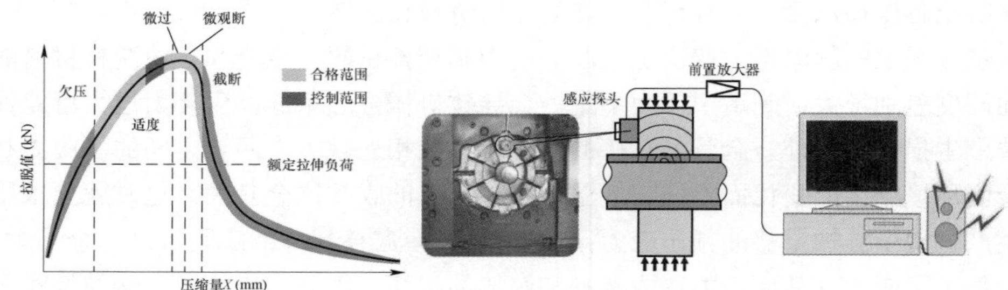

图 1－13　压接过程中的质量监测系统

通过对上面几个影响压接质量因素的调控，使得压接式端部连接结构应力状态理想、抗拉强度增强、分散变小。

复合绝缘子的机械强度存在蠕变现象，即机械强度会随施加荷载时间的延长而下降。复合绝缘子的机械强度的蠕变现象是由芯棒结构和端部连接结构所造成的。芯棒是由上百万根玻璃纤维与树脂粘合而成的引拔棒。由于每根纤维本身的破坏强度不同，在芯棒内部每根纤维的状态各不相同。端部的连接结构件内部或靠近连接件部分应力分布通常很不均匀，使芯棒某些部位、某些纤维受到的应力增大。因此，即使复合绝缘子承受一个低于其短时间破坏强度的机械负荷时，虽然复合绝缘子整体并没有断裂，但是芯棒内部已有一些纤维因受到超过自身强度的负荷而断裂。这些断裂纤维原先承担的负荷需转移到其他纤维上，加大了其他纤维的应力。如果这些纤维继续因附加负荷的增大而断裂，那么负荷将继续转移。如此循环，纤维断裂逐渐增加，剩余纤维平均受力将逐渐增大，芯棒整体强度逐渐下降，即表现为芯棒的蠕变现象。绝缘子的蠕变现象除了受环境因素影响外，还取决于材料和生产工艺。采用不同生产工艺和材料加工出的产品的衰减也并不相同。为规范复合绝缘子的衰减指标，IEC 在 1992 年 1109 号出版物中，规定复合绝缘子机械强度每 10 年的最大衰减不超过 8%。因此，在设计选择复合绝缘子的机械强度时，必须考虑到机械强度的衰减和输电线路设计使用年限。据相关试验表明，复合绝缘子的机械强度与时间对数具有线性衰减关系，如图 1－14 所示。

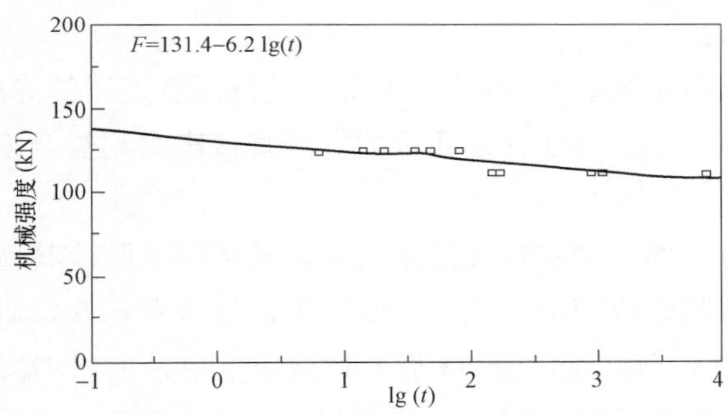

图 1－14　复合绝缘子机械强度随时间变化的衰减曲线

复合绝缘子的蠕变现象是可以控制的。使用中应优先选择破坏强度高的产品；选用优良的端部连接结构，使端部接球头应力集中降低到最小的程度；同时，正确的选择复合绝缘子的使用负荷也是控制芯棒蠕变的重要措施。

四、粘结层和端部密封

（一）粘结层

粘结层是用粘结剂将伞裙护套与芯棒粘结成一整体，是构成绝缘子内绝缘的重要部分。我国早期生产的复合绝缘子伞裙护套与芯棒粘结采用胶装或挤包、伞裙分片粘结工艺，粘结剂采用常温固化粘结剂。这些粘结方法粘结界面多，粘结能力和密封性均较差。20 世纪 90 年代后期逐渐向伞裙护套整体注射结构转变，采用高温固化粘结，提高了芯棒与护套的粘结性能，同时减少了粘结界面，确保了涂层的不渗透性，保证了内绝缘强度。图 1－15 是注射成型工艺生产的复合绝缘子芯棒与伞裙粘结结构图。

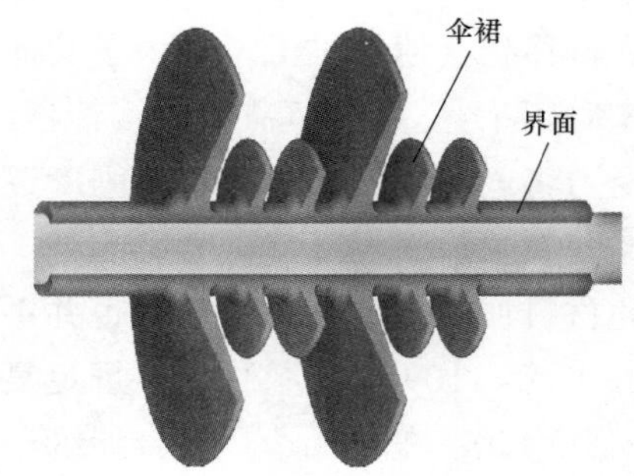

图 1－15　注射成型工艺复合绝缘子芯棒与伞裙粘结结构图

粘结层与复合绝缘子电场方向同向，粘结剂的性能、粘结工艺和粘结效果将直接影响复合绝缘子的内绝缘强度和整体电气性能。粘结层的缺陷主要是由粘结材料或粘结工艺不当造成的。芯棒与伞裙护套之间粘结性能差或部分界面没有粘合，会造成气泡而产生内部局部放电，进而会发展成击穿而导致整根绝缘子丧失绝缘性能。因此，入网复合绝缘子生产厂家必须具有陡波试验装置，产品验收时必须进行陡波抽样试验。

（二）端部密封

端部密封层是将伞裙护套、芯棒和端部连接件三者之间的界面粘结为一整体，确保端部的密封性。端部界面密封质量的好坏直接影响到复合绝缘子的电气性能和机械性能。

早期复合绝缘子的端部密封仅仅采用室温硫化硅橡胶或其他密封胶。随着因密封损坏导致芯棒脆断或掉串事故的不断发生，各大企业开始研制更为有效的密封方式，如采用 HTV 高温硫化胶、O 形密封圈双重密封工艺，端部密封包胶技术，四重密封结构，内置或外置 O 形圈进行密封等。这些措施均有效地保护了芯棒和金属附件连接，保证了复合绝缘子的可靠运行。

过去，国内多数复合绝缘子厂家生产复合绝缘子的密封工艺是在伞裙护套与金具端面采用高弹性室温硫化硅橡胶粘结剂人工操作密封。这种室温固化粘结密封结构受操作工艺和粘结材质影响，粘结强度和密封性都较差，密封易损坏，难以保持复合绝缘子长期运行的密封稳定性。目前，许多厂家和科研机构正在进行密封结构的研究工作。图 1－16 是改进后的高温注射整体密封工艺与传统室温硫化硅橡胶粘结密封工艺的对比。改进后的工艺采用高温整体注射成型工艺，在高温、高压注射胶料的过程中，胶料的流动可将端部密封处的空气充分挤出，在金具内外表面形成两道密封层，相对于传统的密封结构，粘结效果有了很大的提高。

五、均压环

（一）均压环的作用

均压环是绝缘子上的重要部件，它具有使绝缘子轴线的电场进一步均匀、防止发生电晕和保护绝缘子的三个功能。

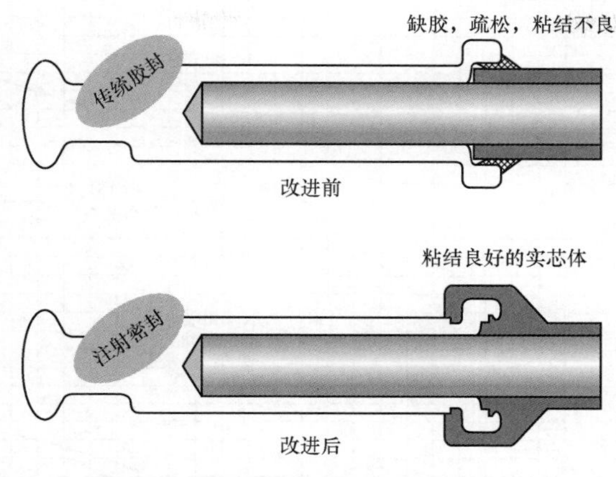

图 1－16　传统室温硫化硅橡胶粘结密封工艺与高温注射整体密封工艺

棒形悬式复合绝缘子轴向电场分布是极不均匀的，需要采用均压环来均匀轴向电场，减少复合绝缘子上电压分布的不均匀。图 1－17 为 500kV 交流复合绝缘子电位分布图，从图 1－17 中可以看到：在无均匀环时高压端电位分布极不均匀，最大场强达到 104kV/cm，加装均压环后电场强度降到 25kV/cm。均压环起到了较好的均压效果。

由于现场安装施工过程可能会碰触均压环，有些质量差的复合绝缘子均压环碰触后会变形或错位，起不到应有的均压效果。目前已经有绝缘子生产厂家生产了高强度均压环，均压环受力主体为钢结构，确保可以承受 200kg 载荷，如图 1－18 所示。

由于目前高电压、大吨位复合绝缘子采用压接式连接结构，其金具和芯棒通过压接，靠摩擦力来承受额定机械负荷，当输电线路上因雷击、操作等过电压产生工频闪络事故时，巨大的事故电流（千安培级）一旦流过金具压接部位，可能会造成金具压接部件热膨胀，从而造成复合绝缘子掉串事故的发生。为避免这种事故，已经有厂家把均压环在金具上的固定位置，设计在金具球窝或球头的外端，一旦发生闪络，电弧电流经均压环体，引流杆及球窝直接流入铁塔，电弧电流不流过压接部位，就可避免压接部位热膨胀发生掉串事故。

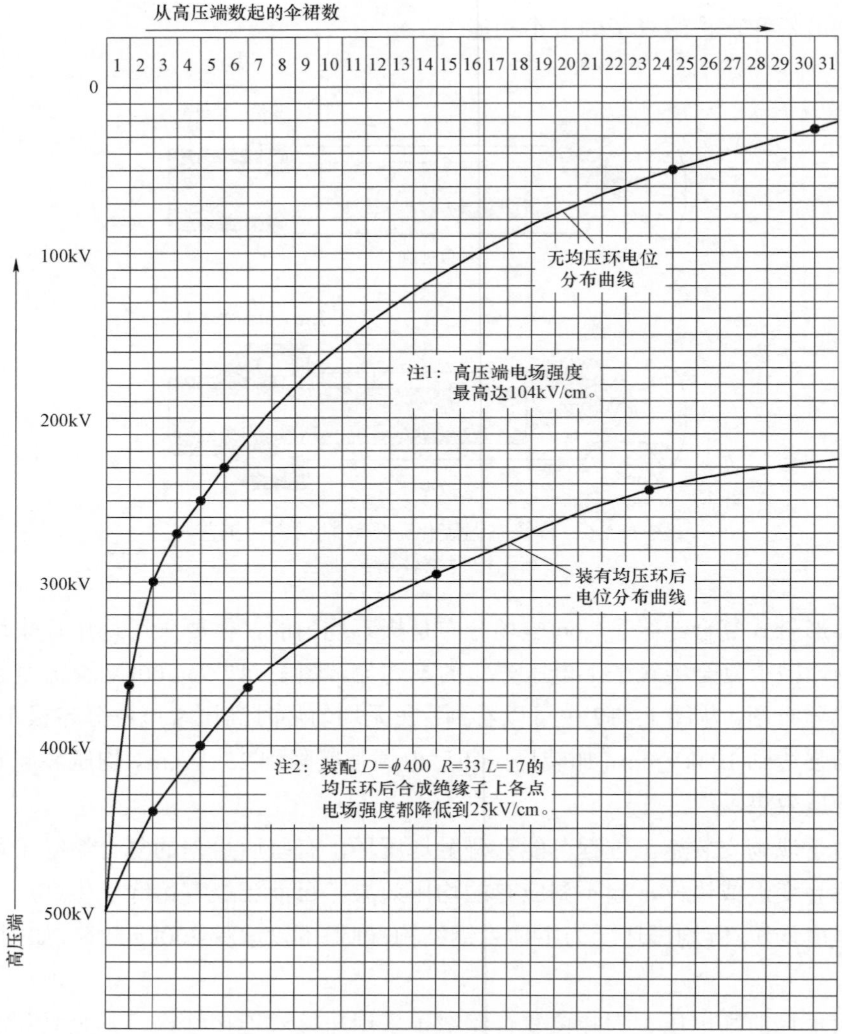

从高压端数起的伞裙数

1 2 3 4 5 6 7 8 9 10 11 12 13 14 15 16 17 18 19 20 21 22 23 24 25 26 27 28 29 30 31

0

100kV

200kV

300kV

400kV

500kV

高压端

无均压环电位分布曲线

注1：高压端电场强度最高达104kV/cm。

装有均压环后电位分布曲线

注2：装配 $D=\phi 400$ $R=33$ $L=17$ 的均压环后合成绝缘子上各点电场强度都降低到25kV/cm。

图 1－17　500kV 交流复合绝缘子电位分布图

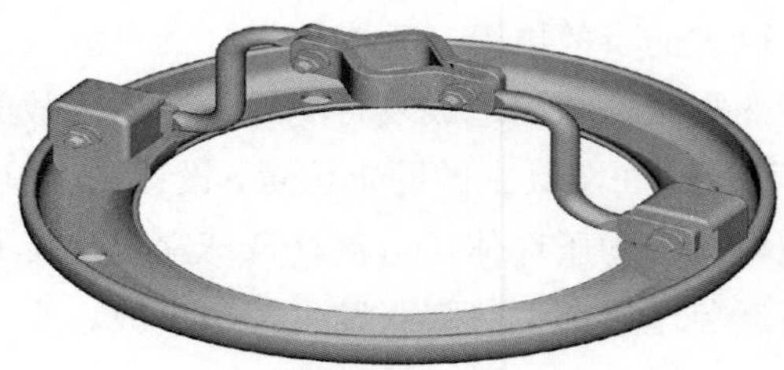

图 1－18　高强度均压环

（二）均压装置配置原则

均压装置对于复合绝缘子的电气性有利有弊。因此要考虑均压装置的合理配置。复合绝缘子端部应有良好的屏蔽措施，应正确选择和使用均压装置。110kV及以下电压等级产品规定可仅在高压端安装一个均压装置，220kV 及以上电压等级产品规定在高压端和接地端各安装一个均压装置。

对于 110kV 电压等级可仅在高压端配置均压装置的考虑是想让均压环起到一种将电弧拉开以保护绝缘子硅橡胶表面或保护金具端部的作用。若只在高压端配置，显然不能将电弧由绝缘子表面引开，也不能保护低压端部。这样，既起不到保护作用，又减少了干弧距离，降低了耐雷水平。因此在多雷区 110kV 及以上电压等级复合绝缘子两端均需配置均压装置。虽然，这样会造成复合绝缘子耐雷击水平的下降，造成线路的雷击闪络跳闸，但可以使绝缘子的表面特别是端部得到保护。雷击引起的跳闸仅是均压环受损，绝缘子本身并不会损坏，即无实际损失。雷击跳闸率不致使开关检修过于频繁，这种配置方式比较合理。因为检修线路比检修开关要繁琐，目前，国际上的做法是，宁肯检修开关频繁些，也不愿发生重合闸不成功的线路故障。

不装均压环会提高复合绝缘子耐雷水平，在一定程度上减少了雷击闪络的发生，不过一旦发生闪络（如遇到较大的雷电流时）绝缘子表面及端部将会遭受严重的损坏，从而造成停电损失。根据相关机构进行的憎水性试验，复合绝缘子遭雷击闪络未被严重烧伤的伞裙大部分还具有憎水性，但烧伤严重的伞裙其憎水性几乎完全消失，将不能保证安全运行。而绝缘子端部金具的损坏一方面可能导致密封的损坏，引起内绝缘下降，另一方面机械强度也可能受到影响，引发掉串等恶性事故。而且不装均压环对复合绝缘子本身的质量也要求很高，一方面其内绝缘须能耐受住雷电在表面闪络引起的陡波冲击，另一方面其伞裙及端部金具须能耐受住强大的工频续流电弧作用而不被烧蚀。

据统计，雷击闪络的复合绝缘子中，凡两端安装了均压环的，绝缘子表面仍保持良好，仅有局部发白，不作处理仍可继续运行；在高压端安装了均压环的，一般在塔侧的金具都被烧蚀，部分伞裙烧损严重，一般需取下更换；而未装均压环的则两端金具及伞裙都烧损严重，必须更换。另外在高压端、低压端，或者是两端都加装 2 片瓷式玻璃的绝缘子，既可改善电位分布，又可以提高复合绝缘子的耐雷水平。

（三）关于防鸟粪均压环

防鸟粪均压环为圆盘形薄壳，边缘半圆弧形向上弯曲，成为一个带有圆环边缘的近似草帽的形状。设计者希望通过草帽状的大均压环避免鸟害的发生。

从综合考虑引弧与鸟粪闪络的角度看，对 110kV 和 220kV 绝缘子采用招弧角似乎是一个可以两者兼顾的措施。如果将招弧角装在鸟粪不容易下落的方向，就更能减少鸟粪闪络的概率。而均压环对金具的屏蔽作用，可以用大曲率半径的金具来实现。若继续采用均压环，则在安装防鸟装置覆盖范围时，应该把均压环的尺寸也考虑在内。

以往的防鸟粪措施大致可分为两类，一类是防止或减少鸟在绝缘子上方的停留，第二类是防止鸟粪沿伞裙下淌。从揭示的鸟粪闪络机理来看，第二类防鸟粪措施的作用要打很大的折扣。以 110kV 复合绝缘子为例，其均压环直径为 25cm，最高运行电压（73kV）的最大空气击穿距离为 15cm。于是以 $25+2\times15=55$cm 为直径的圆才是真正的防鸟范围。只要防止鸟在这一范围内出现，就能大大降低鸟粪闪络事故。这显然不是防鸟害均压环能完全达到的（目前防鸟害均压环一般设计规格：110kV 均压环外径为 120mm，220kV 均压环外径为 300mm）。

六、复合绝缘子生产工艺流程

复合绝缘子的生产工艺比瓷绝缘子的简单。生产工艺流程主要取决于伞裙套的结构。目前我国主要生产厂家的伞裙套结构经历了套装式工艺、护套挤压+伞裙粘结分装式工艺、伞裙套注射成型工艺三个发展阶段。套装式工艺是我国最早的复合绝缘子生产工艺方法。其粘结质量的分散性大且效率低，因此该工艺不适合大批量生产。同时粘结成形后具有许多粘结界面，这些粘结界面在运行过程中极易发生老化、开裂，最终造成芯棒受潮，影响到复合绝缘子的绝缘性能、机械性能等，严重的时候可能发生向复合绝缘子内击穿或脆断的恶性事故。目前挂网运行的复合绝缘子已经很少有这种单伞套装工艺生产的产品。

现在厂家生产工艺主要是后两种，相对于护套挤压+伞裙粘结分装工艺来讲，整体注射成型工艺的伞裙与芯棒之间只有一个粘结界面，并采用高温、高压粘结成形，在高压注射胶料的过程中，胶料的流动可将模具腔中的空气充分挤出，粘结效果较好。护套挤包、单伞裙成形后套装粘结工艺需要采用多种粘结剂，绝缘子上存在较多的粘结界面，由于采用无压力、常温固化粘结，粘结强度和粘结质量相对整体注射成型工艺较差。因此，用户在选用复合绝缘子的时候应优先选用伞裙套整体注射成型的复合绝缘子。关于护套挤压+伞裙粘结分装式工艺、伞裙套注射成型工艺的生产流程如图 1－19 和图 1－20 所示。

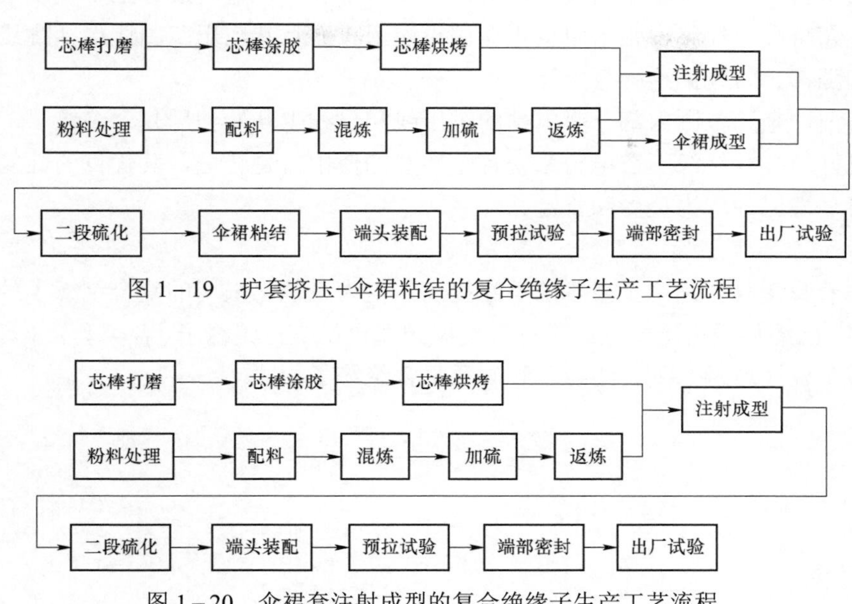

图 1－19　护套挤压+伞裙粘结的复合绝缘子生产工艺流程

图 1－20　伞裙套注射成型的复合绝缘子生产工艺流程

第三节　近年来主要技术突破及未来趋势

我国多数电力设备的发展方式为引进、消化、吸收、再次创新，复合绝缘子技术没有走引进的道路，靠的是自主研发，是产学研结合的成功典范。以清华大学为首的国内研究院校不间断的对复合绝缘子的技术问题进行了深入研究，研究的新成果不断转化和形成新的生产力。目前，我国的复合绝缘子技术不仅不落后于其他国家，在某些方面还达到领先水平。

1. 运行事故逐渐减少

复合绝缘子的运行事故主要分为掉串事故和闪络事故。前者属于产品质量为题，后者与运行经验不足导致的使用不当有关。近两年随着复合绝缘子伞裙形状、端部密封技术、伞形成型工艺、机械强度的可靠性及质量控制的不断提高，复合绝缘子的运行事故日趋减少，制造技术已经达到国际领先水平。

2. 使用范围日趋广泛

复合绝缘子目前不仅国内大量使用，国外也在逐步提高复合绝缘子的使用量。

目前复合绝缘子已经广泛应用在交、直流线路上，其中直流线路上使用的复合绝缘子数量占直流用绝缘子的大半。另外，复合绝缘子在输电线路上不仅用于悬垂串，在超特高压线路耐张串中也正在试点应用。而且其应用范围还包括跳线串、相间间隔棒、防风偏绝缘拉索等。

目前，全国范围内部分变电站的进出线和母线也开始使用复合绝缘子，运行情况良好。复合绝缘子在电力系统各个环节的使用日趋普遍，其优良的性能和较高的可靠性已经广为接受和肯定。

3. 种类不断丰富

随着我国复合绝缘子技术的不断提高，电力系统已采用的复合绝缘子种类越来越多，已经从线路悬式绝缘子逐步发展到变电站支柱绝缘子、各类套管（套筒），并出现了瓷（玻璃）复合绝缘子和硬质复合绝缘子。

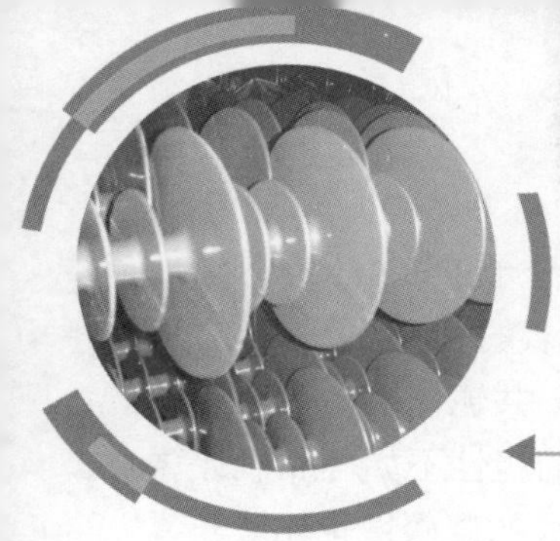

第二章

复合绝缘子防污闪特性及优势

复合绝缘子是由两种以上的有机材料组成的复合结构绝缘子。电网中运行的复合绝缘子主要是以棒型悬式绝缘子为主，占各类运行复合绝缘子总支数的 95% 以上。

第一节 硅橡胶防污机理

复合绝缘子外绝缘材质是以硅橡胶为基材，添加多种无机化工原料经混炼加高温硫化而成的，其表面防污性能取决于硅橡胶材料特有的憎水性和憎水迁移性，而添加剂对硅橡胶材料的憎水性和憎水迁移性会带来影响。对硅橡胶表面的憎水迁移性能的机理探讨和分析，国内外目前没有统一的定论，绝大多数都是以单一试验结果作为依据，很难系统解释憎水迁移性这一问题。本节根据硅橡胶材料分子结构和外绝缘表面污秽物的结构特点，通过综合分析，进一步阐述硅橡胶表面憎水性和憎水迁移性理论。

一、硅橡胶材料分子结构特点

复合绝缘子一般采用甲基乙烯基硅橡胶为基材，甲基乙烯基硅材料分子结构如图 2－1 所示，硅橡胶分子是氧与带两个侧链硅原子有规则排列的长链。分子侧链上的四价碳原子是经杂化与 3 个氢原子通过 0.11nm 的碳氢键进行链接而形成的有机基。分子主链中的硅与碳属同系物族的四价元素，硅也能生成类似碳结构的化合物，但硅与碳又有所不同，硅原子的体积比较大，约为碳原子体积的 11 倍，硅原子的价电子离原子核较远，它比碳原子有较大的供电性，因而它的电负性较小。硅化合物中，硅氧的键能较大，键也较长，约为 0.18nm，由此，硅原子较容易通过硅氧键形成长链聚合物。硅氧硅的链角为 130° ～160° ，比在 SP^3 杂化中通常的氧原子链角 109° 28′大得多，这是由于不等性杂化造成的。硅氧硅链角的不

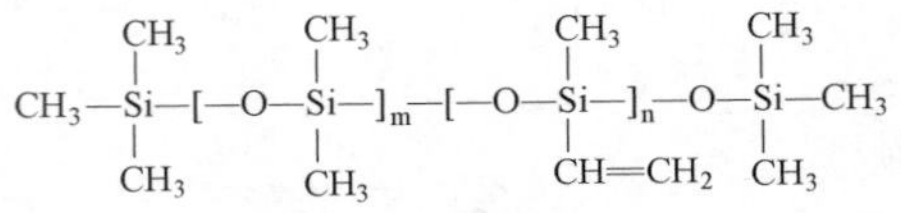

稳定性，使得硅橡胶分子主链不呈现刚性。同时，硅氧硅主链中氧的 P 电子与硅的空 3d 轨道参与 3Pπ－dπ 共轭作用，使硅原子供电性减弱，硅氧键的极性不如硅和氧计算出的大，但还是比较强，约为 4.6×10^{-30}C.m。硅与碳所形成的硅碳键也比较长，约为 0.19nm，与硅氧键近似，约为碳氢键长的 1.8 倍。同时，硅原子的可供电性使得以硅原子为正极端的硅碳键略显弱极性，其值约为 2×10^{-30}C.m。

$$CH_3-\underset{CH_3}{\overset{CH_3}{Si}}-[-O-\underset{CH_3}{\overset{CH_3}{Si}}-]_m-[-O-\underset{CH=CH_2}{\overset{CH_3}{Si}}-]_n-O-\underset{CH_3}{\overset{CH_3}{Si}}-CH_3$$

图 2－1　甲基乙烯基硅材料分子结构

二、硅橡胶表面呈现憎水性的机理

螺旋状聚合物分子结构组成的硅橡胶表面所有的有机基排列在螺旋状分子链的外侧，有机基原子间的诱导效应使其体系较稳定，不显极性，并且每个有机基都以较长的碳硅键进行自由高度旋转，使整个硅橡胶分子主键所有极性的硅氧键和弱极性碳硅键都被有机基所屏蔽。

硅橡胶材料表面存在雾珠和雨滴时，雾珠和雨滴中极性水分子与有机基作用出现诱导力和色散力，使其散落在表面不至于滚下来。且液体内部极性水分子对表面层分子吸引出现的张力远大于外部空气分子对它的吸引力，以及雾珠和雨滴与硅橡胶材料表面诱导力及色散力的作用，使绝大部分雾珠和雨滴都是以球状存在。如果雾珠和雨滴不断增大，其将在硅橡胶斜面下滑分力作用下滚落下来。

三、硅橡胶上污秽物表面憎水迁移性机理

长期运行的复合绝缘子外绝缘表面都粘有污秽物。实际运行考查和污秽试验表明，其污秽物的表面都存在与硅橡胶表面近似的憎水性能，对于完全亲水的离子结构的污秽物而言，它的表面出现憎水性是由于污秽物外表面存在和覆盖硅橡胶分子所致。

（一）硅橡胶分子末端的伸长游离效应

硅橡胶是由分子量按正态分布的大小不规整的分子组成的三维网状结构的聚合物，聚合物中的每条分子链都存在着有机基封头的两个末端，硫化后这些分子末端仍然存在，成为自由状态活动能量较大的游离末端。对于螺旋状结构直径为纳米级，链长为微米级的螺旋卷曲的硅橡胶分子来说，其材料表面分子末端是相当多的。这些末端在其表面无污秽物和没有外力作用下，都是以最低能量构象、卷曲运动、平衡状态存在。

当硅橡胶表面存在离子结构的污秽物时，这些污秽物对其末端产生范得华力的作用，很容易被污秽物吸引，随着吸引力作用下的距离缩短，和距离六次方成反比的范得华力将迅速加大，促使游离末端浸润离子结构的污秽物，污秽物表面

出现憎水性。如果硅橡胶表面的污秽物增多，离子结构污秽物必将其间的范得华力进一步加大，使其自由游离末端受力，逐渐扯直拉长，促使硅橡胶分子链角发生歪扭，甚至也相应把末端下部交链的螺旋状卷曲的链段变形、增长，使其末端也进一步浸润污秽物，表面出现憎水性。

长期运行的复合绝缘子外绝缘表面出现污秽物硫化层，其中硅橡胶表面分子末端浸润污秽物占有相当部分。此外，硅橡胶表面的分子自由游离末端，易受外部各种因素的影响，很容易在其末端断成较低的硅氧烷小分子，这些分子会移至污秽物表面，使表面出现憎水性，这也是憎水性迁移的一部分。

（二）硅橡胶表面较长硅氧烷链段的浸润作用

硅橡胶表面的大分子螺旋卷曲链段硫化后，受三维网状交链结构的限制，难以任意自由伸长，但随机硫化交链点不可能均匀地把所有螺旋卷曲链段都束缚住，必然还存在部分螺旋卷曲链段没有交链。

当其硅橡胶表面存在污秽时，由于离子污秽物的作用所产生的范得华力能量大于 2kJ/mol 时，就能使部分螺旋卷曲硅氧烷链段出现伸长拉直的变化。此变化将浸润性包裹污秽物，使其表面出现憎水性。随着污秽物增多，污秽物离子极性加大，范得华力也增大，不但可以把其活动链拉直伸长，还会带动未治动链段变形增长，使链段进一步浸润包裹污秽物，也使表面进一步出现憎水性。

长期运行的复合绝缘子外绝缘表面出现污秽物硫化层，除了表面分子末端起作用外，剩余部分就是表面分子活动链段浸润性包裹污秽物所致。

（三）硅橡胶内未被交链低分子的移动效应

硅橡胶属于高分子聚合物绝缘材料。硅橡胶分子链型结构及它的聚合工艺，使得其分子量不是恒定的，分子链的长短及在材料里的状态不是固定不变的。硅橡胶材料的分子量在规定范围内分布较广，经实测其分子量趋于正态分布。这种分子量呈正态分布的硅橡胶，虽然经过硫化后绝大多数都以随机性交链成三维网状结构，但必然会存在着没有交链的硅橡胶分子，它们绝大部分都属于低分子，它们将以独立状态分布在三维网状的硅橡胶材料里。

硅橡胶分子的硅原子与体积小的氧原子形成硅氧键主链，与碳原子组成硅碳侧键，既可以很容易地使硅氧键旋转，也可以使有机基的电子剧烈向硅原子移动，极其容易地绕硅碳链自由高度旋转。同时，分子链中硅氧硅链角的不稳定变化也给予硅橡胶分子链段高度活动性，减弱链段间的相互作用力，使硅橡胶分子布朗运动更为活跃。

硅橡胶材料具有较低玻璃化温度，其值为－130℃，比合成橡胶中玻璃化温度最低的乙丙橡胶（–65℃）少一半。复合绝缘子在实际运行过程中，自然环境温度的波动，造成硅橡胶内部长链分子结构热运动能量的不均匀性，将促使硅橡胶本来作布朗运动的自由状态的低分子，沿着硅橡胶大分子之间作布朗运动，链段中连续不断出现间隙跳跃，向内或向外移动。因硅橡胶结构形状，自然环境的差异，造成硅橡胶材料热能量不均，长时间低分子内外移动的差值，必然造成材料的外部移动。由此，自由状态的低分子移动到硅橡胶表面时，受其表面离子结构污秽物的作用，将其浸润性地包裹起来，使其表面出现憎水性。

随着硅橡胶表面污秽物的增加，位移到硅橡胶表面的低分子，受其离子结构污秽物的影响，必将顺着已浸润污秽物的硅橡胶分子有机基间隙移动出表面，将增多的污秽物再浸润，表面继续呈现憎水性。如果出现憎水性的污秽层表面不再继续堆积污秽物时，向表面移出的低分子，受材料结构本身的范得华吸力也相应加大，这时的低分子移动是相当缓慢的。如果这时其表面又落有污秽物，由于离子结构污秽物作用，将打破缓慢移动状态，使其分子继续移动浸润污秽物，这也充分证明以硅橡胶为基材的复合绝缘子外绝缘材料，在试验和产品长时间运行过程中，自由低分子数量无明显减少的原因。

第二节　自然环境下复合绝缘子憎水性变化特性

复合绝缘子的使用量很大，多年来复合绝缘子也发生了污闪事故。憎水性是影响复合绝缘子污秽特性的基本因素。本节对自然环境下复合绝缘子憎水性变化特性进行探讨和分析。

以中国北方地区自然环境为基础，探究北方环境下复合绝缘子憎水性变化特性及其环境影响因素。首先，结合现场试验结果和室外模拟试验结果，总结中国北方地区复合绝缘子的憎水性随季节的变化特性。冬季复合绝缘子的憎水性会发生下降甚至丧失；冬季过后，随着季节的变更，不同的复合绝缘子体现出不同的憎水性恢复特性。其次，结合室外模拟试验结果和相关文献，分析了温度、湿度、降水、紫外线等典型环境应力对复合绝缘子憎水性的影响。最后，综合前面的研究结果，提出了适用于中国北方地区的憎水性动态检测诊断方法，通过该方法可获得运行复合绝缘子一年中憎水性最好和最差的状态。

一、室外模拟试验场气候特征

室外模拟试验在北京进行，位于华北平原西北边缘，其中心位于北纬 39°，东经 116°。北京的气候为典型的暖温带半湿润大陆性季风气候，夏季炎热多雨，冬季寒冷干燥，春秋短促。

二、试样及试验内容

（一）试样

试样包括运行绝缘子串试样和新伞裙试样。绝缘子串试样为来自不同运行环境的3个厂家，厂家名称为A、B和C。用试样出厂至今的时间来代替运行年限，试验用复合绝缘子参数见表2-1。新伞裙来自2个不同的厂家，厂家名称为D和E。

表2-1　试验用复合绝缘子参数

试样	厂家	运行年限（年）	结构	伞径（cm）	伞间距（cm）
A1	A	10	1大伞/2小伞	13.5/11	15
A2	A	14	1大伞/2小伞	13.5/11	15
A3	A	16	等径伞	11.5	5
A4	A	16	1大伞/2小伞	13.5/11	15
B1	B	—	1大伞/1小伞	15/10	10
C1	C	5	1大伞/1小伞	14.5/10	8

（二）试验内容及方法

将上述试样置于室外试验平台上，然后定期检测其憎水性。试验内容包括：① 记录试验期间的气象信息（包括温度、湿度、降水量等），并对其变化过程进行统计。② 分析自然环境下复合绝缘子憎水性的季节变化特性。③ 分析环境温度、湿度、降雨和光照等因素对复合绝缘子憎水性能的影响。

对于运行绝缘子试样，其放置形式如图2-2所示，目的是使试样的一侧受光比另一侧更充分。为了分析的方便，将绝缘子伞裙受光充分的一侧命名为受光侧，将另一侧命名为背光侧。伞裙试样水平放置于一高度为0.5m、可充分接受阳光的试样架上。试验期间，所有试样未施加电压。

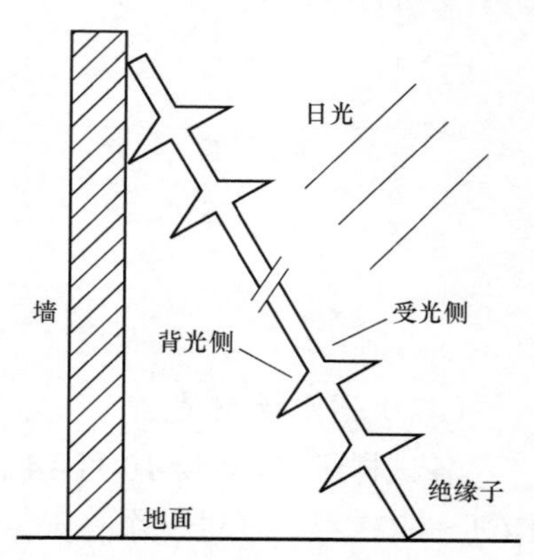

图2-2　室外试验平台上复合绝缘子串放置方式

试验中憎水性测量采用HC分级法，喷水方法为每秒喷水1次，每次出水量约1mL，喷25次。喷水后，以最快的速度将伞裙表面水珠形态记录下来，通过憎水性分析软件评价憎水性等级。憎水性测试后，试样表面的残留水分用手风器吹干。

三、憎水性的季节变化特性

（一）试验期间气象条件

北京地区 2004 年 11 月平均气温为 – 0.6～7.1℃，月降水 3.9～13.4mm，月日照时数为 151～206h；12 月平均气温为 – 7.6～ – 0.1℃，月降水量为 1.5～8.0mm，月日照时数为 81～120h，下旬最深积雪为 1～7cm。2005 年 1 月平均气温为 – 11.1～ – 2.3℃，本月降水集中在上旬，中旬和下旬均无降水，月日照时数为 138～201h；2 月平均气温为 – 3.4℃，极端最低气温在 – 11～ – 13℃之间，冷空气活动频繁，共有 7 天出现降雪，平原地区平均降雪为 11.6mm，月日照时数为 150～180h；2005 年 3 月平均气温 6.2℃，月平均相对湿度 28%，月降雨量 0.1mm。从 2005 年 4 月 1 日起，连续记录了每日最主要的气象信息（环境温度和相对湿度）如图 2 – 3 和图 2 – 4 所示。图 2 – 3 中的趋势线采用多项式回归方法进行拟合，R^2 为相关系数，用于评价所拟合的回归方程的好坏程度，取值范围为 0～1 之间。R^2 越接近 1 表示回归曲线与样本数据的相关度越好。

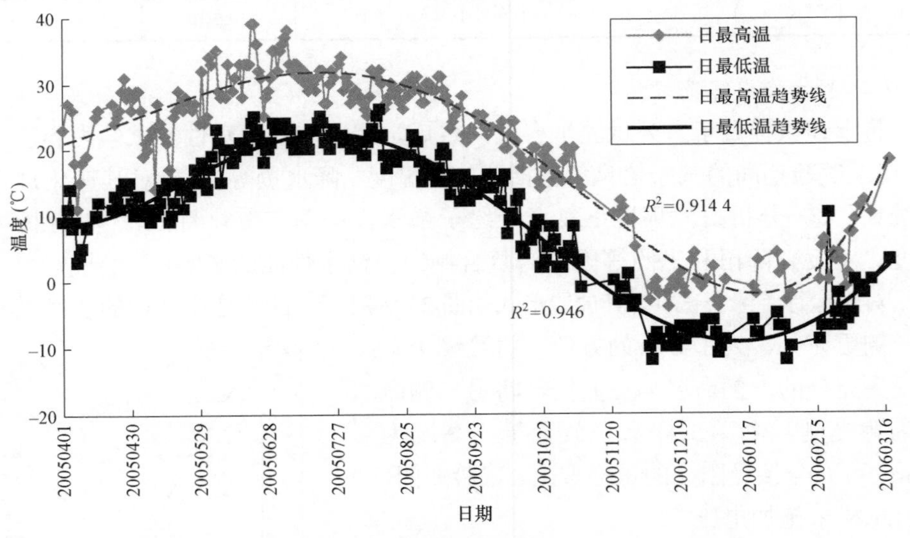

图 2 – 3　试验期间温度变化趋势

（二）憎水性测量

各试样于 2004 年 10 月 14 日置于室外试验平台，放置前，其憎水性等级均为 HC1～HC3 级。经过一个冬天，2005 年 3 月 6 日进行了第一次憎水性测量。测量结果表明，各试样的憎水性等级均变为 HC6～HC7 级，图 2 – 5 和图 2 – 6 为试验得到的部分试样的喷水图像。

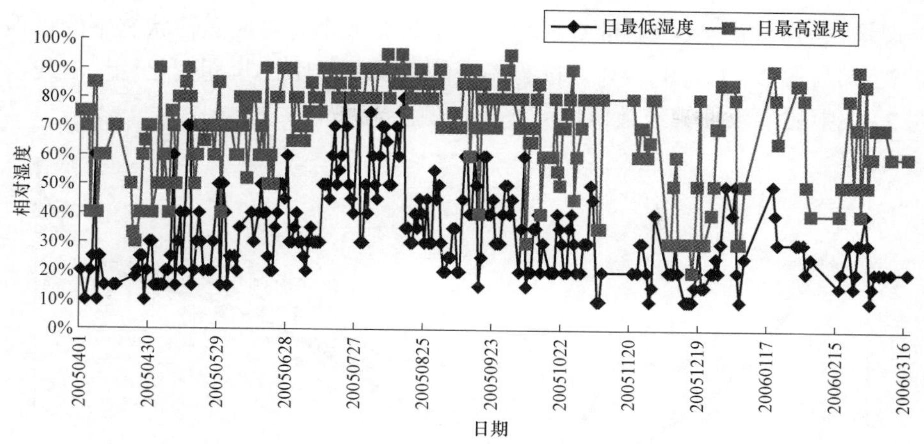

图 2－4　试验期间相对湿度变化趋势

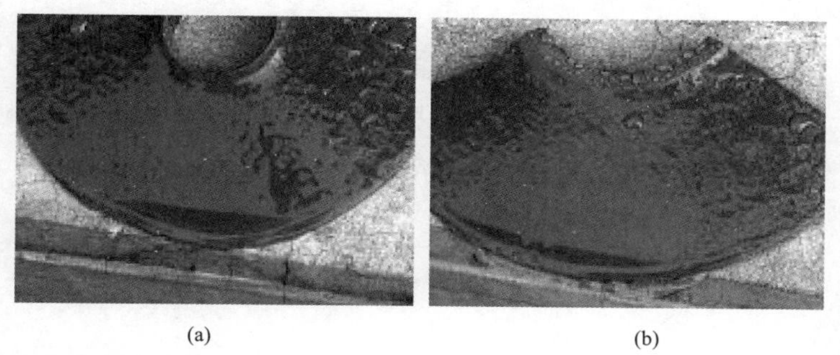

图 2－5　2005 年 3 月 6 日试验获得的伞裙试样的喷水图像

（a）D 试样；（b）E 试样

图 2－6　2005 年 3 月 6 日试验获得的 A1 绝缘子串试样的喷水图像

（a）导线侧伞裙；（b）中间伞裙；（c）横担侧伞裙

2005 年 4 月 1 日起，试验每 15 天进行一次，憎水性测量时间选择为下午 2 时。对复合绝缘子憎水性的测量包括受光面和背光面的测量。对于绝缘子串试样，为与现场试验取得一致，测量伞裙均为上端第 2 大伞（对应运行状态下的接地侧第 2 大伞）。图 2－7、图 2－8 为试验得到的各试样憎水性长期变化特性曲线，其中图 2－7 中的憎水性等级数值取受光面的测量结果。

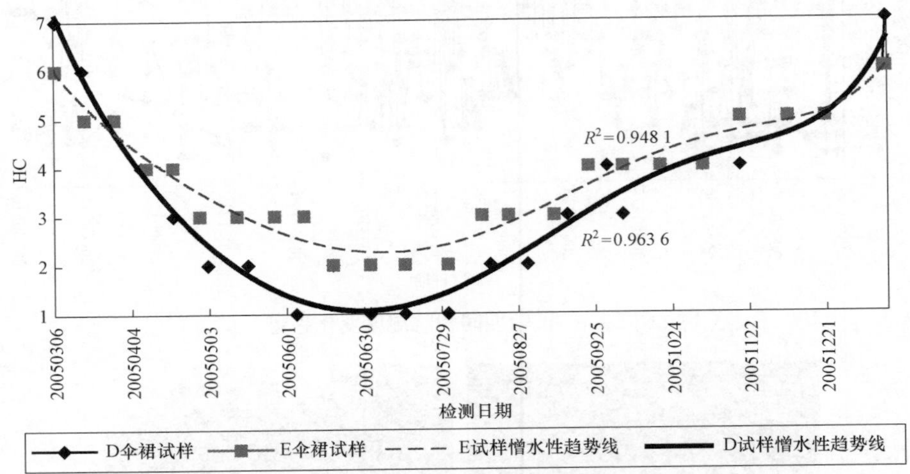

图 2－7　伞裙试样憎水性长期变化趋势图

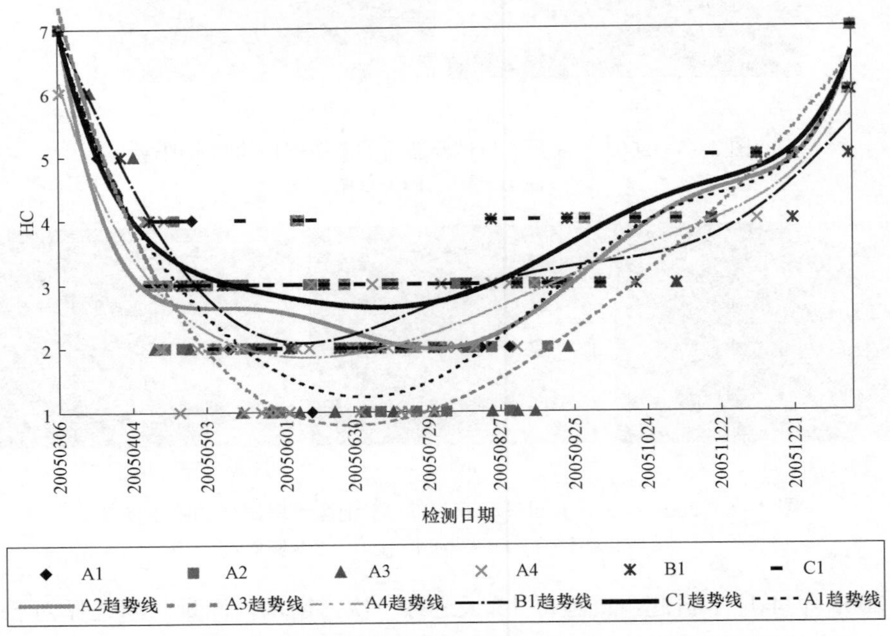

图 2－8　运行绝缘子串试样憎水性变化趋势图

（三）憎水性的季节变化特性

图2－3、图2－4、图2－7和图2－8所示，与现场试验相比，虽然室外模拟试验的试验环境发生了变化，且室外模拟试验中所用的试样并未施加运行电压，但是各试样随季节变化其憎水性的变化特性与现场试验结果一致。冬季复合绝缘子的憎水性会发生下降甚至丧失；冬季过后，随着季节的变更，不同的复合绝缘子体现出不同的憎水性恢复速度和恢复能力。上述结果一方面证实了现场试验结果所体现的憎水性变化趋势的正确性，另一方面说明了复合绝缘子憎水性的这种动态变化特性主要是由环境应力导致的。

四、典型环境应力对憎水性的影响

在研究复合绝缘子憎水性的季节变化特性的同时，结合室外模拟试验结果和相关研究结论，分析总结了几种典型环境应力对复合绝缘子憎水性的影响。这些典型环境应力包括环境温度、相对湿度、降雨和紫外线。

（一）温度对复合绝缘子憎水性的影响

由图2－7和图2－8可见，自然环境下复合绝缘子憎水性与环境温度之间具有良好的对应关系：① 2004年12月～2005年2月，环境温度下降到最低，而此时复合绝缘子的憎水性也逐渐下降到最低甚至出现丧失，在2005年2月的时候达到最佳状态；② 2005年6～8月，环境温度达到最高，此时复合绝缘子的憎水性也逐渐恢复到最佳状态，但不同试样的憎水性恢复速度和恢复能力有所差异。

温度对复合绝缘子憎水性的影响机理主要有：① 低温下，绝缘子的表面自由能（或者是吸附在绝缘子表面的污秽的表面自由能）增加，从而导致憎水性下降；② 运行中的复合绝缘子表面不断吸附污秽，在低温环境中轻重量分子的迁移速度下降，导致表层污秽中的轻重量分子（LMW）的含量少，憎水性差；③ 温度的升高加剧了硅橡胶分子的热运动，同时也加快了小分子聚硅氧烷的迁移速度，有利于复合绝缘子恢复憎水迁移性。

自然环境中温度不仅随着季节的变化而发生波动，在每天的24h中也会发生波动。2005年4月12～14日和7月4日多次进行了全天候的憎水性测量，分析一天24h中温度的波动对复合绝缘子憎水性的影响。试验期间天气晴好，昼夜温差在10～15℃。每日的测试时间选择为早晨6时，下午2时和晚上的10时。所测试样包括伞裙试样和绝缘子串试样。测量结果见表2－2，表2－2中绝缘子串的憎水性等级数值为受光面的测量结果。

表 2-2　　晴好天气下复合绝缘子憎水性全天候测量结果

检测日期	2005.04.12			2005.04.13			2005.04.14			2005.07.04		
	早晨	中午	晚上	早晨	中午	晚上	早晨	中午	晚上	早晨	中午	晚上
A1	4	3	4	3	3	4	4	3	4	2	1	1
A2	4	3	4	4	4	4	4	3	4	2	2	2
A3	2	2	3	2	2	2	4	2	3	2	1	2
A4	3	2	4	4	3	3	4	3	3	2	2	2
B1	3	3	4	3	3	4	4	4	4	2	2	2
C1	4	3	4	4	4	3	4	4	3	2	2	3

表 2-2 中测量表明：一天中复合绝缘子中午的憎水性略好于早晨和晚上。但考虑到 HC 分级法测量憎水性的固有误差，则这种差异基本上可以忽略。因此认为在本试验条件及自然环境下，一天 24h 中复合绝缘子憎水性受温度的影响很小。

（二）紫外线对复合绝缘子憎水性的影响

自然环境中的紫外线主要来自于太阳光。通过倾斜放置绝缘子串试样将试样伞裙分为受光面和背光面，分析紫外线对复合绝缘子憎水性的影响。在憎水性测量中，同样将受光面和背光面分开进行测量。表 2-3～表 2-8 是 2005 年 5 月 9 日对各试样受光面和背光面的测量结果。图 2-9 则给出了 A1 试样一年中受光面和背光面随季节变化趋势图。

表 2-3　　A1 试样测量结果（伞裙编号从接地侧数起）

伞裙编号	1	2	3	4	5	6
受光面 HC	3	3	3	3	2	3
背光面 HC	6	4	6	6	4	6

表 2-4　　A2 试样测量结果（伞裙编号从接地侧数起）

伞裙编号	1	2	3	4	5	6
受光面 HC	4	4	4	4	4	3
背光面 HC	6	6	6	6	6	5

表 2-5　　A3 试样测量结果（伞裙编号从接地侧数起）

伞裙编号	2	3	4	5	6	7	8	9	10	11	12	13	14	15	16	17
受光面 HC	1	1	1	1	1	1	1	1	3	1	1	1	1	1	1	1
背光面 HC	4	4	3	3	4	4	4	4	4	6	4	6	4	3	4	6

表 2-6　　A4 试样测量结果（伞裙编号从接地侧数起）

伞裙编号	1	2	3	4	5	6
受光面 HC	2	1	1	1	3	1
背光面 HC	4	4	4	4	4	3～4

表 2-7　　B1 试样测量结果（伞裙编号从接地侧数起）

伞裙编号	1	2	3	4	5	6	7	8	9
受光面 HC	4	4	4	3	3	4	3	4	3～4
背光面 HC	4	4	4	3～4	4	3～4	2	4	3～4

表 2-8　　C1 试样测量结果（伞裙编号从接地侧数起）

伞裙编号	1	2	3	4	5	6	7	8	9	10
受光面 HC	5	3	3	2	2	3	3	3	2～3	2
背光面 HC	6	5	6	6	4	6	5	5	4	4

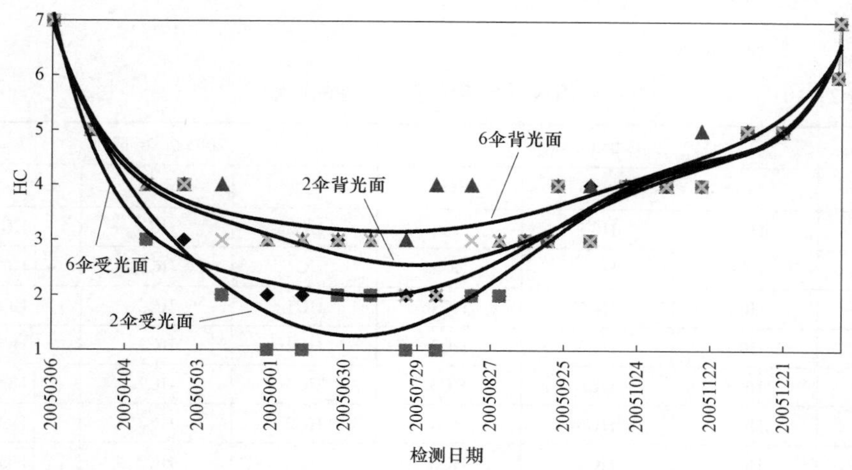

图 2-9　A1 试样受光面、背光面季节变化趋势图

由图2－9以及表2－3～表2－8可以发现：试样受光面的憎水性恢复速度和恢复能力均要好于背光面。受光面和背光面的重要区别是受光面能够更为充分地接受阳光的直射。阳光的直射对复合绝缘子憎水性的恢复有明显的作用，其原因为：作为到达地面的太阳光中波长最短的部分，紫外线具有很高的能量。紫外能量以及硅橡胶中的典型的化学键能见表2－9。

表2－9　　紫外能量以及硅橡胶中的典型的化学键能

化学键	C－H	Si－C	Si－O	O－H	太阳光
键能（kJ/mol）	414	301	447	463	398

从表2－9中可以看出，尽管紫外线不能导致Si－O键的断裂，但是可以使得C－H键和Si－C键断裂，可以使硅橡胶表面的小分子含量增多，会导致憎水性迁移速度的加快。所以阳光对复合绝缘子憎水恢复性的影响主要是由紫外线造成的。

（三）降雨对复合绝缘子憎水性的影响

降雨对复合绝缘子憎水性的影响如下：

（1）2005年4月8日中午开始有零星小雨，至傍晚6时起转为连续大雨直至深夜，降雨量为10mm，2005年4月9～10日均为晴好天气；

（2）2005年6月26日下午5时开始下雨，一直持续到晚上9时左右，降雨量为30mm，2005年6月27～29日均为晴好天气。两次降雨过程中，分别于雨前2h，雨中和雨后48h测量试样的憎水性。表2－10为降雨对复合绝缘子憎水性的影响。

表2－10　　降雨对复合绝缘子憎水性的影响

检测日期	2005.04.08 降雨			2005.06.26 降雨		
	雨前	雨中	雨后	雨前	雨中	雨后
A1	HC5	HC5	HC3	HC2	HC3	HC2
A2	HC6	HC6	HC3	HC2	HC3	HC2
A3	HC4	HC5	HC3	HC1	HC2	HC1
A4	HC5	HC5	HC3	HC2	HC3	HC3
B1	HC4	HC5	HC3	HC3	HC2	HC2
C1	HC5	HC6	HC4	HC2	HC3	HC2
D	HC4	HC6	HC2	HC2	HC2	HC2
E	HC4	HC6	HC3	HC2	HC2	HC2

2005 年 4 月 8 日的降雨为当年北京市的第一场春雨。试验结果发现，降雨过程中，部分试样的憎水性下降，特别是伞裙试样最为明显，原因是没有相邻伞裙的阻挡效应，湿沉降更充分。降雨结束后，所有试样的憎水性等级均好于降雨前的憎水性等级。分析原因为：经过一个冬天的积污，试样表面存在一层没有充分获得 LMW 迁移的结构疏松的污秽，降雨过程中该污秽层一定程度上被雨水冲刷掉，露出 LMW 迁移较充分、结构也较致密的污秽层；同时降雨结束并经历一段时间的阳光照射后，污秽层中的水分被蒸发，试样的憎水性获得一定程度的恢复。

而 2005 年 6 月 26 日降雨过程中憎水性的测量结果表明：夏季短期的降水对复合绝缘子的憎水性影响不大。原因在于前一段时间的降水已经将复合绝缘子表面的一层结构很疏松的污秽冲洗掉了，而降水后的阳光照射又使绝缘子的憎水性有所恢复，所以在夏季降水对绝缘子的憎水性没有太大的影响。

综上所述，春季初始的降雨对复合绝缘子憎水性影响较大，但之后的多次短时降雨对绝缘子的憎水性影响不大。

（四）相对湿度对复合绝缘子憎水性的影响

由图 2－4 可知，室外试验期间，环境相对湿度始终处于剧烈变化的过程中，因此很难从室外试验数据来分析相对湿度对复合绝缘子憎水性的影响。

为了分析复合绝缘子在高湿、大雾环境中其表面憎水性的变化，采用复合绝缘子试样浸泡在去离子水中并定时测其憎水性的方法。此外，针对在大部分工业地区绝缘子表面污层的可溶性盐离子中 Ca^{2+} 和 SO_4^{2-} 占有相当的比重的情况，试验研究了 $CaSO_4$ 的溶液中复合绝缘子憎水性的变化。

1. 试验方法

试样为不同厂家提供的两组高温硫化硅橡胶复合绝缘子伞裙（即 D 试样和 E 试样）。试验前，先对试样表面进行预处理，其方法为：用无水乙醇清洗表面，然后用去离子水冲洗，干燥后置于防尘容器中，并在试验室环境条件下放置 24h。预处理后试样表面的憎水性均为 HC1。

室温下将试样分别浸入去离子水和预先置入适量化学纯 $CaSO_4 \cdot 2H_2O$ 粉末的去离子水中。浸水后的试样每隔 24h 进行一次憎水性测量，测量方法采用 HC 法，每次测量 10min 内完成，试样从水中取出后其表面残留水分用手风器吹干。

2. 试验结果及分析

图 2－10、图 2－11 分别显示了 D、E 试样随着浸水时间的延长，表面憎水性

的丧失情况。图中，1－1 号和 1－2 号曲线表示浸泡在盛有去离子水密闭容器中的试样的憎水性情况，2－1 号和 2－2 号表示浸泡在盛有去离子水敞口容器中的试样的憎水性情况，3－1 号和 3－2 号表示浸泡在盛有 $CaSO_4$ 溶液敞口容器中的试样的憎水性情况，4－1 号和 4－2 号表示浸泡在盛有 $CaSO_4$ 溶液密闭容器中的试样的憎水性情况。

由图 2－10、图 2－11 中 1－1 号和 1－2 号曲线可知，在湿应力单因素的作用下，无论是 D 试样还是 E 试样，在长达 10 天左右的时间内，其憎水性等级都维持在 HC3～HC4 级以内，憎水性完全丧失需要 16～18 天的时间。可见，在湿应力单因素的作用下，硅橡胶复合绝缘子憎水性下降速度缓慢。由图中 4－1 号和 4－2 号曲线可知，由于去离子水中 CaSO4・$2H_2O$ 的存在并逐渐溶解，两组试样憎水性完全丧失只需要 7～8 天的时间。

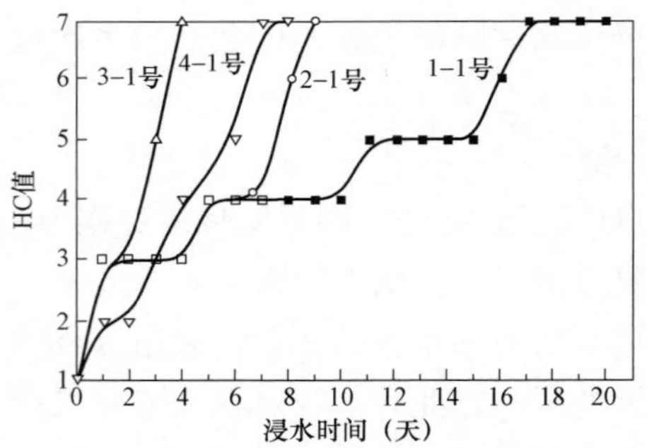

图 2－10　D 试样水中憎水性下降特性

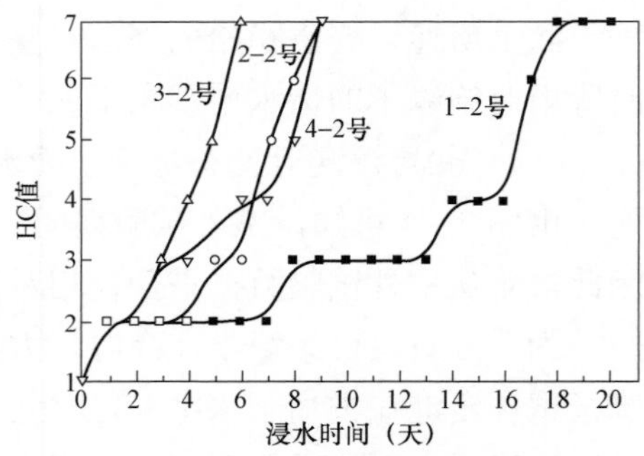

图 2－11　E 试样水中憎水性下降特性

试验中发现，对于浸泡在 $CaSO_4$ 溶液中的试样，随着浸水时间的延长，试样表面逐渐形成一层亲水性物质。该层物质干燥时，与普通硅橡胶材料并无明显差异，但对其喷水湿润后即呈现出光滑油腻的特性，用吹风器吹不掉，但可以用滤纸擦掉，擦掉后试样表面的憎水性立即恢复。为了进一步验证，做如下试验：取在 $CaSO_4$ 溶液中浸泡至憎水性丧失的试样两片，分别用手风器吹干；之后对两片试样进行连续的憎水性测试，每次测试之后，一片用手风器吹干，另一片用滤纸擦干。水解产物去除对憎水性的影响见表 2－11，当憎水性达到 HC2～HC3 级时，试样表面不再有光滑油腻的特性。此外，经去离子水浸泡憎水性丧失的试样，湿润状态下并无明显的光滑油腻，但通过滤纸擦拭憎水性也可获得一定的恢复。

表 2-11 水解产物去除对憎水性的影响

试样标号		憎水性测试次数			
		1	2	3	4
1号	吹干	HC7	HC7	HC7	HC7
2号	擦干	HC7	HC6	HC5	HC2-3

目前对硅橡胶材料湿应力下憎水性下降的原因主要有如下解释：① 在水和盐分存在的情况下试样表面被水解氧化；② 试样表面、体内吸水；③ 试样表面的甲基基团向体内转向以降低水存在情况下的界面能。另根据相关文献，湿应力作用下，硅橡胶会发生水解反应形成硅醇基团，极性硅醇基团的形成会导致硅橡胶材料的憎水性发生下降；而富含钙元素的黏土物质的存在会促进湿应力下硅橡胶的水解反应，并形成大量小分子硅醇。由试验结果可以推断，硫酸钙溶液中试样憎水性下降速度加快的主要原因是：硫酸钙逐渐溶于水中促进了硅橡胶的水解反应，从而加速了其憎水性的下降速度。

由图 2-10、图 2-11 的 2-1、2-2、3-1、3-2 号曲线还可知，当试样浸泡在敞口容器中时，其憎水性下降速度要比浸泡在盛有相同水溶液的密闭容器中快很多。分析其原因可能为：当试样浸泡在敞口容器中时，空气中的微量悬浮尘埃会逐渐吸附或溶于水中，其中的不溶性成分会逐渐沉积于试样表面，其中能促进硅橡胶水解的成分加速了试样的水解氧化。

浸水法是研究复合绝缘子憎水性的一个重要方法，由试验结果可知在复合绝缘子水浸泡试验中，一些操作因素可能影响试验结果。① 敞口容器的使用会造成试样憎水性下降速度加快，从而干扰所研究因素对憎水性影响的判断，故试验时应采用密闭容器；② 用滤纸吸干试样表面残留水分的方式可能会造成试样表面憎水性的恢复，造成测量结果不准确，故应采用吹风器吹干的方式。

五、复合绝缘子憎水性动态检测诊断方法

根据室外模拟试验的检测结果和现场检测结果，为准确评价运行复合绝缘子的憎水性，提出了基于憎水性的减弱特性测量和憎水性的恢复特性测量的运行复合绝缘子憎水性动态检测诊断方法，该方法适用于中国北方地区：

（1）憎水性的减弱特性可在冬末春初第一场降雨到来前并且环境温度上升至 0℃时进行测量，测量时刻为中午前后，测量应进行多次。通过这个参数可以获知运行复合绝缘子在一年中憎水性最差的情况。

（2）憎水性的恢复特性的测量可在每年最热的 6～8 月进行，测量尽量选择

晴好天气，测量时刻为早晨或傍晚，同样测量应进行多次，通过这个参数可以得出现场复合绝缘子在一年中憎水性最好的时候，若这个时候现场的某支复合绝缘子的憎水性还比较差，那说明该复合绝缘子在一年中的其他时候憎水性也难以恢复，就需要对这支复合绝缘子的运行状况进行关注。

第三节 复合材料的老化特性

复合绝缘子是长年在室外运行的电气绝缘设备，暴露在大气环境下的外绝缘，除长期承受强电场的作用外，还经常受日晒、雨淋、风沙、高温和严寒等恶劣气候条件下的侵蚀，这对以硅橡胶添加多种填充剂的外绝缘来说，必然会导致外绝缘老化。虽然硅橡胶具有优异的耐高低温、耐光辐射、耐臭氧和耐霉菌等老化性能，但由于硅橡胶中硅氧烷分子结构质量的差异，外绝缘中填充剂颗粒表面性能作用程度及外绝缘塑炼硫化工艺参数变动，都将相应地降低硅橡胶耐老化性能。

一、原料性能质量与硅氧烷分子结构对老化性能的影响

硅橡胶是有机高分子主链上唯一不含有碳原子的聚合物，它是兼有无机和有机性质的高分子弹性材料。它的分子中高键能硅氧键的主键及有规律与硅原子连接的碳氢侧键，使其具有优良耐各种老化性能。但合成硅橡胶所采用原料结构质量差别，合成硅橡胶工艺所造成硅氧烷分子端基和分子大小分布不同，这都将影响外绝缘老化性能。

（一）硅橡胶所采用原料的性能质量

目前，国内外绝大多数的硅橡胶生产厂家都是采用八甲基环四硅氧烷（D4）原料来生产硅橡胶的。由于生产技术含量高，生产设备投资大，生产工艺复杂，国际上只有几家公司才能生产出99%以上高纯度D4。采用D4通过定型的单一生产工艺，把环体都打开参与聚合反应生产硅橡胶，其各种技术性能指标稳定。

但国内有的硅橡胶生产厂家采用廉价国产 DMC 原料来批量生产硅橡胶。这种原料的D4含量只有50%～75%，D3、D5、D6和D7的含量占有25%～50%，还有1%～3%三官能团有机硅单体杂质存在，且整体显酸性。采用 DMC 由于单一定型生产工艺不可能把所有环体打开聚合硅橡胶，硅橡胶内存在相当数量没有开环的环体。它的分散存在将妨碍已开环体聚合，降低硅橡胶的形成，也破坏硅橡胶线性聚合物的规整性。同时还严重影响硅橡胶的流动性，使用标准仪器测量出硅橡胶分子量高出实际的约10万～20万，这会造成实际使用硅橡胶材料的分子量远低于规定的分子量值。如此分子量的降低对高聚物材料硅橡胶来说，其各

种性能会受到较大影响，也会影响硅橡胶老化性能。

（二）硅氧烷分子端基结构形式

在硅橡胶生产时，采用酸或季铵碱催化得到都是羟基封端的硅氧烷分子，它所构成硅橡胶材料在较低温度就容易出现分子端基间的缩合现象，使分子量上升。在较高温度下，分子端部羟基发生解扣式降解反应，聚合分子连续的降解将直接影响高聚物硅橡胶材料各种性能。

高聚物分子的降解是较明显老化现象，能使其材料整体向发软、发黏的趋势发展，使其失去应有的性能。为减少硅橡胶中硅氧烷分子极性端基，在生产硅橡胶时，增加有特殊工艺要求的六甲基二硅氧烷等封头工序，使硅橡胶中获得平衡后的硅氧烷分子端基为甲基。经实践验证，甲基封头的硅氧烷分子构成的硅橡胶，在相同试验条件的降解速率低于羟基封头的近 50 倍。可见，由甲基封头的硅氧烷分子构成硅橡胶的耐老化性能会提高甚多。

（三）硅氧烷分子大小及分布状态

硅氧烷分子在硫化胶的网络结构中，其分子链上两个交链点间的分子链段为有效链段，它对硅橡胶结构性能是有贡献的。但其末端成为较少受交链制约的游离端，对硫化胶结构性能无贡献，只是在硫化胶网络中起填充作用。若硅氧烷分子大，其游离末端就少，硫化胶网状结构越完整，较少受末端的障碍，其回弹率、耐疲劳、发热量也较小，硅橡胶整体结构机械性能就好。这相应提高硅橡胶材料整体热降解老化性能，也有利于防止自然环境因素作用表面所引起表面开裂老化现象。否则，硅氧烷分子小所构成硫化胶网状单位体积中末端数多，必然对其整体结构机械性能及老化性能构成影响。

硅橡胶分子量是由众多硅橡胶分子平均中间数值确定的。分子量不能反映硅橡胶中实际硅氧烷分子分布差异情况，需考虑其分子正态分布状态。如分子量大而正态分布又窄，则硅橡胶结构机械性能好。若分子量大而正态分布较宽，则硅橡胶性能会偏离要求。尤其众多的小分子在硫化胶分布不均，就有可能在其网状局部结构中，存在着较多小分子游离末端而影响硅橡胶结构性能，会影响硅橡胶整体老化性能。

二、补强填充剂表面性能对老化性能的影响

硅橡胶分子结构机械性能低，难以在外绝缘上直接使用，采用白炭黑进行补强。气相白炭黑与沉淀白炭黑相比，具有结构紧密、颗粒分布均匀、无气隙、热稳定性好、补强效果好、无杂质等特点，在外绝缘上被广泛采用。

气相白炭黑微粒通过塑炼能均匀分布在硅氧烷分子中，其表面以范得华力、

氢键或化学键与硅氧烷分子相互连接起来。硅橡胶硫化后，硅氧烷分子的化学交联及键的相互缠结形成把气相白炭黑微粒围在其中的稳定网状结构，由此提高硅橡胶的强度。

气相白炭黑由正硅酸经过一系列缩聚脱水反应生成的，在反应的各阶段都有残存－OH，－OH 多为独立存在，气相白炭黑在存放过程中，空气的水分子和微粒表面的－OH 易生成氢键而被吸附，在外绝缘封闭系统中排不出去，便会把硅氧烷分子打断，使高分子降解直接影响耐老化性能。白炭黑微粒表面－OH 过多会引起微酸性能过大，硅橡胶分子微酸作用出现异裂断链现象，有利于维持外绝缘材质憎水迁移性能，但过多也相应影响其整体性能。

可见，由白炭黑作为外绝缘补强填充剂，虽然微粒表面的－OH 及整体偏酸性，是本身分子结构性能必然存在。但可以严格检测手段，使其控制在一定存在程度，这不但有利于外绝缘耐老化性能，也相应维持外绝缘的憎水迁移性能。

三、设备及工艺参数对老化性能的影响

外绝缘是由基材硅橡胶填充多种无机化合物，通过混合塑炼后硫化而成的。如要把物理状态及结构性能相差较大多种材料混合均匀，塑炼性能达到满意效果，需选取适当加工设备和相应工艺参数才能实现。

（一）外绝缘所采用塑炼设备结构方式

外绝缘中多种固体结构填充剂是通过机械塑炼方式，才能均匀分散在胶状硅氧烷分子中间。它是通过设备的机械塑炼产生超过填充剂附聚体的能量剪切力，促使其附聚体破裂形成粒子能够沿着硅橡胶的流线而移动，以便其微粒达到在硅氧烷分子间分散的目的。同时，机械塑炼的剪切力也必然作用在硅氧烷分子链上，在分子链按流动方向变形伸展时，其中部受力伸展特别大，这会造成部分硅氧烷分子断裂。如断裂时没有游离基接受体，其断裂处很容易进行自结合反应，由此机械塑炼对硅橡胶破坏不大。如果机械塑炼过程有氧存在，氧气可视为游离基接受体，而生成氧化物游离基，随之再发生链转移而得过氧化物，促使硅氧烷高聚物分子降解。

目前，外绝缘机械塑炼设备一般都是采用开炼机和密炼机。开炼机是在暴露空气中的两辊筒间对外绝缘进行机械塑炼，这样，塑炼时硅氧烷分子出现的断链极容易与空气中的氧气进行反应，生成氧化游离基引起硅氧烷高聚物分子连续降解。而采用密炼机，则外绝缘材质是在密炼室进行塑炼，在对其进塑炼时，随着塑炼时间的延长，密炼室内的氧气逐渐减少，使塑炼引起硅氧烷高聚物分子剪切力断链氧化概率降低，其氧化裂解反应逐渐减慢。另外随着塑炼过程的进行，密

炼室中充满大量的水蒸气和低分子挥发物，也阻碍了硅橡胶与氧接触，相应减缓其高聚物分子氧化裂解反应，有利于外绝缘耐老化性能。

（二）外绝缘机械塑炼温度参数

外绝缘在机械塑炼过程中，硅橡胶中存在着杂乱无章几乎到处纠缠的高聚物分子链，受剪切力作用出现的变形，都存在着松弛过程。如果机械塑炼温度过低，其松弛过程必然缓慢，纠缠着分子来不及移动，机械塑炼断链的概率就高；如果塑炼温度高，松弛过程够快，纠缠着分子链可相对滑移，消除内应力，分子链虽受到剪切力的作用，但不易断裂。但机械塑炼的温度不能过高，否则，将引起机械热氧化和机械热破坏效应，加剧高聚物分子断链降解。所以适当地控制机械塑炼的温度，有利于防止高聚物分子降解提高外绝缘耐老化性能。

（三）外绝缘机械塑炼后的存放时间

外绝缘机械塑炼时，硅橡胶中高聚物分子随机分布的构象及相互作用的黏度，促使剪切力作用于其上的瞬间不可能均匀分布，必然有高聚物分子链扯很直，甚至链角被扭歪，但也有的链段还没有受剪切力的作用。这样造成其结构力分布不均匀，部分高聚物内应力很大，分子处在紧张状态。如果这种机械塑炼外绝缘马上或停留较短时间硫化成型，必然会影响外绝缘结构机械性能。由此，把塑炼好的外绝缘存放一段时间，便于外绝缘中处在应力较大的高聚物移动重排，逐渐消除内应力，使其内部结构应力达到平衡状态。至于高聚物分子纠缠结构出现不均匀内应力，毕竟分子纠缠不是永久性的横键，也将随着存放时间延长，高聚物分子链间的相对位移而解脱纠缠，也有利于外绝缘结构机械性能。同时，机械塑炼后的外绝缘停放一段时间，也相应促使某些填充剂微粒表面更好以物理吸附和化学结合方式与高聚合物分子结合，便于更充分发挥填充剂应有的性能。也会加大胶状高聚合物对相应大的填充剂颗粒不规则表面的浸润，使其更充分布满高聚合物分子，有利于外绝缘结构性能。所以机械塑炼后外绝缘应停放一段时间的工艺要求是必要的。

四、绝缘残存硫化剂对老化性能的影响

外绝缘硫化是利用过氧化物受热分解活性自由基，与硅氧烷分子链上有一定活性乙烯侧基引起连锁反应，而使高聚合物分子交链成网状结构来实现的。外绝缘硫化所用烷氧基过氧化物是应按固定的比例进行添加。但在外绝缘实际生产过程中，考虑到烷氧基过氧化物效率波动及其外绝缘材质相关因素的影响，往往在外绝缘添加过量烷氧基过氧化物。这样在外绝缘硫化后所残留烷氧基过氧化物，则由于分子结构种类不同，有的残留物在高温分解生成酸性物质。它在外绝缘中

长期存在，必然使高聚合物分子发生裂解引起机械性能降低。有的残留物分解产物虽不显酸性，但属于低分子挥发物质，它们的存在也对整体机械结构性能构成影响。

为此需严格按规定工艺参数对外绝缘进行二次高温硫化，以便除去外绝缘内在残留有害分解产物，确保外绝缘耐老化性能质量。

五、硅橡胶复合绝缘子老化表现及其判据

（一）现场复合绝缘子伞裙和护套的老化现象

随着复合绝缘子使用量的增加和运行年限的延长，硅橡胶表面呈现的现象和变化与材质的老化有关。表 2－12 给出了目前运维单位对复合绝缘子老化现象的描述。

表 2－12　　复合绝缘子老化描述

电网	运行时间（年）	老化现象描述
东北	2～3	水泥厂内重污，污层表面无憎水性（辽宁）
华北	2～3	憎水性差（内蒙古）。 憎水性差（天津），水泥厂旁电蚀严重（山东）；干湿电压差值增大，但污秽耐压试验中无放电（山东）；检查二代产品室温硅橡胶密封胶试验通过（北京）
	5～7	沿海憎水性差，密封胶边缘呈锯齿状（山东）；工业重污区抽检约 60%试品憎水性降至 HC4～HC5 级，伞硬，手折 90º 裂，折 150º 断，跌落试验伞破（河北）
	7～10	憎水性降低至 HC5 级；运行 9 年的憎水性好于运行 5 年的，未发现粉化、裂纹、电蚀，化学氯气影响不大，但变硬，易撕裂，无弹性（河北）
西北	2～3	闪络试品表面喷霜，粘结界面流胶，憎水性暂时消失（陕西）
	3～5	弹性下降，变脆开裂或掉块（新疆）；连续小雨下憎水性下降，伞变硬（青海）；表面粘手，起泡，易掰裂（甘肃）
	5～7	伞硬化明显，端部易开胶（青海）
华东	2～3	伞手感较硬，受外力易撕裂（福建）
	3～5	伞变硬，抗撕裂强度下降；端部密封胶有微孔，触及脱落，金具内壁有锈迹（浙江）
	5～7	伞老化开裂
华中	5～7	金具内未脆断棒边缘锈迹（湖北）
	＞10	未发现明显老化现象
南方电网	2～3	严重烧伤的表面憎水性几乎完全消失（广东）
	5～7	憎水性及迁移性暂时消失后恢复性能未发生变化（广东）

从表 2－12 可以看出：

（1）闪络后电弧扫过的硅橡胶伞裙表面出现发白、粉化（粉末状填料析出）、憎水性消失的情况。

（2）短期内在水泥等重灰密污秽条件下，也可能出现伞裙表面漏电起痕、电蚀损和憎水性无法迁移至污层表面的现象。

（3）不同地区、不同环境下，硅橡胶表面憎水性下降（包括憎水性暂时性消失时间缩短、恢复时间延长、迁移性能减弱）与运行年限之间未发现有明确关系，大部分复合绝缘子运行 10 年及以上仍保持良好的憎水性。

（4）各地区都有少量复合绝缘子表面力学性能变差（如硬度增加和撕裂强度降低）的情况。

（二）现场硅橡胶伞裙的护套老化的判据

现场调查表明，运行后的硅橡胶伞裙与护套表面会出现多种变化，如变色和闪络后表面有白色粉末析出（粉化），但这些现象很难看作硅橡胶材质的老化。未发生闪络的硅橡胶表面粉化和出现微裂纹或硅橡胶表面龟裂、发粘、发霉都可归为早期老化现象，但属于个例。老化作为一个指标、一个判决，反映出的是材质不可逆转的劣化。对于硅橡胶伞裙护套，其机电性能的下降（包括憎水性暂时减弱时间与恢复时间延长、憎水性迁移能力下降）、硬度增加和抗撕裂强度变差，这三方面的变化在现场易于被发现和判别。老化是一个过程，是材质有量变到质变的转化。硅橡胶的老化过程可经历早期、中期和晚期三个发展阶段。其基本特征见表 2－13。

表 2－13　　硅橡胶伞裙护套的老化特征

判别指标	早期老化特征	中期老化特征	晚期老化特征
表面憎水性	局部伞裙上表面憎水性下降，迁移速度下降，迁移速度变慢	全表面憎水性显著降低，局部（如全部上表面憎水面）憎水性永久性丧失以及局部表面出现漏电起痕和电蚀损	全表面永久性失去憎水性（雾雨天气时表面呈现“拉弧”），或局部电蚀损严重
硬化	伞裙变形，伞裙与护套变硬	伞裙硬度在对折中开裂	触摸伞裙掉块，甚至运行中伞裙脱落
抗撕强度	抗撕强度下降，但手工不能撕裂	手工可把伞裙撕裂	手工轻易把伞裙撕裂

第四节　线路用复合绝缘子的技术优势

线路用绝缘子主要是瓷绝缘子和复合绝缘子两种，复合绝缘子与瓷绝缘子相比较，在电气性能、防污性能等方面都具有明显的优势。

一、电气性能

（一）工频闪络

图 2－12 是复合绝缘子与瓷绝缘子的工频干、湿闪络电压与其绝缘子串长度的关系曲线。图中可见，复合绝缘子的工频干闪电压略高于瓷绝缘子串的干闪电压；复合绝缘子的工频湿闪电压比瓷绝缘子串的高约 15%。当绝缘子串不太长时，瓷绝缘子串的湿闪电压一般比干闪电压低约 15%～20%，所以说复合绝缘子的工频湿闪电压与瓷绝缘子串的工频干闪电压基本相同。

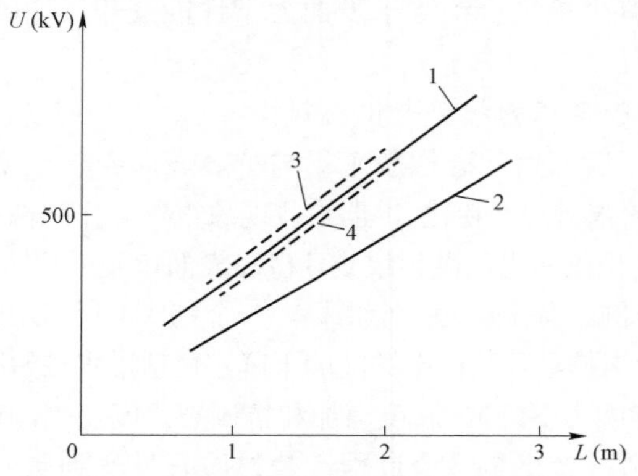

图 2－12　工频闪络电压与绝缘子串长度的关系

1—瓷绝缘子串干闪络；2—瓷绝缘子串湿闪络；3—复合绝缘子串干闪络；4—复合绝缘子串湿闪络

（二）雷击闪络

图 2－13 为复合绝缘子与瓷绝缘子的雷电冲击 50%放电电压与长度的关系曲线。复合绝缘子的雷电冲击 50%放电电压比瓷绝缘子串高约 5%。

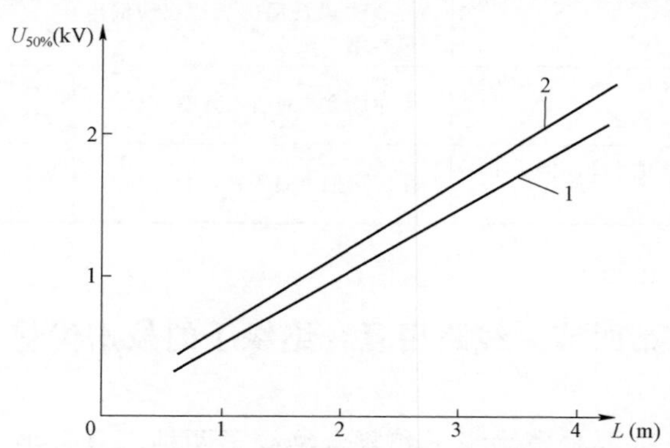

图 2－13　雷电冲击 50%与绝缘子串长度的关系

1—瓷绝缘子串；2—复合绝缘子

（三）零值问题

瓷绝缘子存在零值击穿、零值检测和零值更换的问题，复合绝缘子没有此类问题。从而大大减少了日常维护的工作量。

一般悬式瓷绝缘子为内胶装结构，钢脚嵌入瓷球头内部，所以在工作电压下，电场强度在钢脚处最为集中。内胶装使用粘合剂。因为瓷、水泥、钢脚的热膨胀系数各不相同，当瓷绝缘子受到冷热变化时，各部件热膨胀系数的差异将使瓷件受到较大的压应力和剪切应力，故瓷质部分易开裂或易击穿而形成零值绝缘子。复合绝缘子在机构上属于不可击穿结构，因此不存在零值问题。

（四）耐污性能

复合绝缘子具有良好的防污闪性能，是其广泛应用的重要原因。

表面污染而引起的绝缘子污闪，是电网安全运行的主要威胁，也是选择线路绝缘子的决定因素。瓷绝缘子表面为高能面，被水浸润后形成连续水膜，同时受到污秽的作用，易发生污闪现象，因此日常运行中要采用人工清扫或者是采用涂抹硅橡胶涂料的措施。

复合绝缘子的构成材料是硅橡胶材料，伞裙护套表面为低能面，因此具有良好的憎水性和憎水迁移性。即使处于潮湿污秽的环境中，在复合绝缘子伞裙表面也不会形成连续的水膜，只有相互独立的水珠颗粒，因此复合绝缘子具有良好的耐污性能。虽然，经过了一定的运行年限后复合绝缘子憎水性会变差，但相对于瓷质绝缘子，其耐污性能仍然很高。

二、机械性能

复合绝缘子所使用的玻璃纤维芯棒的轴向抗拉强度很高，一般都在 600MPa 以上，目前最新采用的 ECR 耐酸型芯棒的抗拉强度在 1000MPa 以上，这么高的强度是瓷的 5～10 倍，与优质的碳素钢的强度相当。但是芯棒材料的单位长度的质量比瓷和钢都轻得多。近几年来随着新型端部连接机构的出现，消除了制约制造大吨位复合绝缘子的瓶颈。因此复合绝缘子可以制造出强度很高、质量很轻的产品。

三、抗老化性能

复合绝缘子属于有机材料绝缘子，在运行中受到大气、高、低温、紫外线、强电场等因素的影响，伞裙护套中的有机材料会发生老化、劣化现象，从而造成复合绝缘子绝缘性能的降低，影响到复合绝缘子的使用寿命。目前，关于复合绝缘子的使用寿命年限还没有明确的结论，但是在我国电网中已经有使用了近 20 年的产品仍在挂网运行，未出现异常情况。同时随着有机材料新配方的研究和研制，复合绝缘子的使用寿命将会有较大程度的提高。

四、运行故障对比

不同类型线路绝缘子的常见故障比较见表 2－14。统计数据表明，近几年复合绝缘子的年故障率逐年下降。随着运行经验的积累和制造水平的提高，复合绝缘子的经济性、长效性、可靠性日渐凸现。事实证明，即使在高寒、高湿、强紫外线等特殊运行条件下，复合绝缘子也呈现出了优良的经济性和可靠性。而且，当出现伞裙硬化、憎水性下降等劣化特征时，其整体机电性能仍可维持一定时间的安全运行，只要运行中加强巡视与定期检测，可以及时发现并进行更换。

总体来看，随着制造水平的不断提高，复合绝缘子与瓷、玻璃绝缘子相比，具有重量轻、憎水性优良、成本低、劣化性好、可靠性高等突出优点。当前较为成熟的新一代国产复合绝缘子已进入全面实用化阶段，其研究能力与制造技术已达到国际领先水平。目前国内主流企业制造的复合绝缘子的预期使用寿命一般认为 15～20 年，运行经验也证明了这点。

表 2－14　　不同类型线路绝缘子的常见故障比较

常见故障	盘形瓷绝缘子	盘形玻璃绝缘子	棒形复合绝缘子
雷击	闪络电压高，可能出现“零值”，概率决定于制造企业，无招弧装置可能发生元件破损	闪络电压高，无招弧装置可能造成元件爆裂，概率决定于生产商	闪络电压略低，装均压环一般可使绝缘子免受电弧灼伤
污闪	耐污差，双伞型可改善自清洗性能，调爬方便	耐污差，防污型可提高耐污压性能，调爬方便	表面憎水性，耐污闪性能好，一般不需调爬
鸟害	需采用防护措施	需采用防护措施	需采用防护措施
风偏	“柔性”好，风偏小	“柔性”好，风偏小	“柔性”较好，风偏大
断串	概率大小决定于生产商	概率极小	概率大小决定于生产商
劣化	劣化速率决定于生产商	基本不存在劣化	硅橡胶劣化速率决定于生产商和使用条件
外力	易损坏，残垂强度大	易损坏，残垂强度较大	不易损坏
现场维护与检测	维护工作量大，双伞型易人工清扫，检“零”麻烦	清扫周期短、工作量大	维护简便，缺陷检测困难

五、复合绝缘子防污闪的优异表现

自 20 世纪 80 年代以来，大面积污闪事故始终是导致我国电网大面积停电的首要原因。1996 年沿长江中下游 6 省 1 市和 2001 年辽宁、华北和河南电网接踵而来的大面积污闪事故再次表明，依靠大规模人工清扫建立起来的输变电设备外绝缘配置已无法满足现代化大电网安全运行的需要，更难以杜绝大面积污闪事故的发生。

为提高电网外绝缘的整体水平，国家电网公司提出了“绝缘到位，留有裕度”的基本原则。绝缘到位就是依靠设备本体绝缘水平抵御恶劣自然环境导致的污闪，不把绝缘设计建立在大规模清扫工作的基础上；留有裕度则是为了预防大气污染日益增长和可能出现的灾害性天气（包括灾害天气带来的湿沉降）。从新的绝缘配置来看，实际上是依靠复合绝缘子来解决大面积污闪问题，事实也证明了使用复合绝缘子是解决大面积污闪的最佳方案。

六、河南防污闪经验介绍

自 1989 年以来，河南电网共发生了 3 次大面积污闪，分别发生在 1989～1990 年、2001 年和 2006 年。

1989 年 12 月～1990 年 2 月，河南电网中西部及北部地区共发生污闪跳闸 319 条/次，污闪中有 11 处绝缘子掉串；2001 年 1～2 月，豫西、豫北发生大面积污闪。重复污闪故障 214 次，其中还发生了 11 次因绝缘子炸裂；2006 年 1 月 28 日～2 月 14 日，全省 100 多条次 110kV 及以上输电线路跳闸，其中还发生了 4 次因绝缘子炸裂，导线落地的事故。

实践证明，复合绝缘子对抗雾闪、冰闪能力强，在河南历次污闪中，复合绝缘子有较好表现，污闪跳闸线路均为瓷质、玻璃绝缘子。在对复合绝缘子无在线检测手段的前提下，应加强复合绝缘子在运行中的抽检，以掌握其绝缘及老化状况。复合绝缘子目前的制造工艺、材料和标准已较以前显著提高，质量能够得到充分保障，可用年限大大延长。复合绝缘子工程造价低、经济性突出，运行维护工作量小，防污能力强，对电网安全运行起到重要保障作用。

第五节　线路用复合绝缘子的经济优势

一、线路用复合绝缘子与瓷绝缘子的经济性比较

在进行复合绝缘子与瓷绝缘子进行经济比较时，最简单的方法就是将同规格的两种绝缘子出厂价格互比。这种方法虽然简单，但忽略的因素太多，不能真实地反映出整个运行期间的全部费用，比如瓷绝缘子不可避免的零值检测、污秽清扫等运行工作的费用支出和停电损失。据调研，线路的运行维护工作量有近一半都会消耗在污秽清扫及零值检测上，而且随着绝缘子运行时间的增长，总费用就越高。因此只比较出厂价格，不能全面的对两种产品的经济性进行比较，应用绝缘子的综合价格概念进行经济性评价。

在经过一次性购买之后，还须不断地投入附加费用才能正常工作的产品，用综合价格的方法进行经济分析比较全面。绝缘子串的综合价格 C 可简单的表示为：

$$C=P+A+(M+L)t$$

式中，P 为绝缘子串的出厂销售价及破损附加费；A 为运输安装费；M 为每年每串绝缘子的运行维护费；L 为因停电清扫污秽造成的停电损失费；t 为运行时间。

综合价格的等式中包括了各种主要的正常费用，对故障下的各种事故损失不包括在内。很显然瓷绝缘子的综合价格 C_1 是一个随运行时间的增加而增长的价格，而复合绝缘子由于没有进行污秽清扫和零值检测（维护量很小可忽略），复合绝缘子的费用只是由复合绝缘子的出厂价格和安装运输费用所决定，其综合价格 C_2 不随时间的增长而增加。图 2－14 是两种绝缘子综合价格的比较示意图。

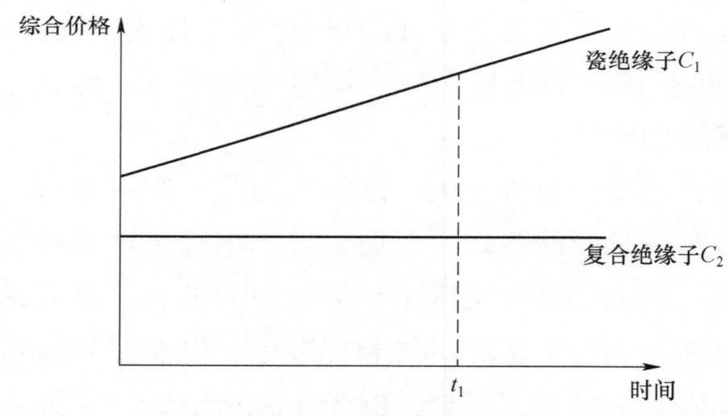

图 2－14　瓷绝缘子与复合绝缘子综合价格比较示意图

从图 2－14 中可以发现，复合绝缘子的出厂及安装运输价格要低于瓷绝缘子，并且随着运行时间的增加瓷绝缘子的综合价格将逐渐上升，且随时间越长，采用复合绝缘子的综合经济效益就越高。

但复合绝缘子运行寿命目前还没有定论，从综合价格的角度来看，全线更换绝缘子意味着购买价格和安装费用都增大一倍。即 $C_1=2C_2$ 时的运行时间 t_1，这里定义 t_1 为复合绝缘子更新时间。如果复合绝缘子的运行时间超过 t_1，那么即使再次进行更换，复合绝缘子综合经济性仍比维持瓷绝缘子的费用要低。

表 2－15 为瓷绝缘子与复合绝缘子工程造价对比表，按照新建线路所处污秽度等级为 c 级考虑绝缘配置。

表 2－15　瓷绝缘子与复合绝缘子工程造价对比表（2006 年底价格水平）

电压等级（kV）	瓷绝缘子型号及价格	瓷绝缘子出厂价格（元/串）	复合绝缘子出厂价格（元/串）
110	XWP－7（47 元/片）	47×7 片＝329	260
220	XWP－10（68 元/片）	68×14 片＝952	550
500	XWP－16（110 元/片）	110×29 片＝3190	2100

由表 2－15 可见，目前采用复合绝缘子比瓷绝缘子更经济。而且运行维护工作量小，不需要检测零值。经济对比表明：新建线路全部采用复合绝缘子方案也是最优方案。

二、线路防污闪改造使用 RTV 涂料与复合绝缘子的对比

复合绝缘子和喷涂 RTV 涂料是线路防污闪的两种有效技术手段，但是在线路的防污闪改造中，尤其是耐张串的防污闪改造中，目前普遍采用喷涂 RTV 涂料，很少采用复合绝缘子。新建线路也普遍采用悬垂串使用复合绝缘子，耐张串用瓷绝缘子并喷涂涂料。因此很有必要从技术和经济的角度对这两种防污闪技术手段进行对比分析。

（一）技术性能对比

1. 复合绝缘子技术性能特点

复合绝缘相对于相同爬距的传统瓷绝缘，实际是一种“超绝缘”，不需要和传统的清扫工作相配合，可以保证输变电设备外绝缘配置要求。线路上运行的复合绝缘子的老化是一个漫长的过程，目前国内运行时间最长的 220kV 复合绝缘子已挂网几十年，仍保持着良好的机电性能。复合绝缘子目前的制造工艺、材料和标准已显著提高，质量得到充分保障，可用年限大大延长。

复合绝缘子运行中的主要问题是：复合绝缘子芯棒脆断、憎水性丧失、鸟害、雷击闪络等，应加强复合绝缘子在运行中的抽检，以掌握其绝缘、机械及老化状况。复合绝缘子工程造价低、经济性突出。运行维护工作量小，防污能力强，对电网安全运行起到重要保障作用。

2. RTV 涂料的技术特点

目前新的 RTV 涂料，有效期可达 10 年以上，性能有很大提高，可在工程中推广。但 RTV 涂料没有大量实际使用的成熟经验，无法保证有效期是可靠的。因此喷涂涂料后还需定期依照标准对 RTV 涂料的运行性能进行抽检，涂料失效后需及时复涂。

在防污闪改造中，由于线路施工难度大，监督困难，并且由于施工高度高，

风速大，不仅施工质量难以保证，而且涂料浪费严重。

（二）经济对比分析

目前厂家喷涂 RTV 涂料报价情况为：喷涂 1 串耐张绝缘子 1500～1600 元，河南省 220kV 线路耐张串基本上都是双串瓷或玻璃绝缘子，喷涂 3 相需要 9000～10 000 元。

220kV 线路耐张用的复合绝缘子报价约为 650 元/支（额定拉力 160kN，若悬垂串则为 100kN，一般 550 元/支），加上施工费、赔青费等，3 相全部更换为双串复合绝缘子费用不到 5000 元。仅仅为喷涂 RTV 涂料价格的一半。

复合绝缘子的寿命比 RTV 要长，而且绝缘性能更可靠，有长期的运行经验，而且工程造价低。经济对比分析表明，对于建成的线路进行防污闪技术改造，全部更换复合绝缘子是最优方案。

（三）小结

（1）对于新建线路，从技术经济角度考虑都应该全部采用复合绝缘子，并建议尽量采用 V 形串。

（2）对于已经建成的线路进行防污闪改造，在停电时间允许的情况下，全部更换为复合绝缘子；在停电时间不允许的情况下，可以采用喷涂涂料的方案。

（3）新建变电站建议使用复合绝缘子。因为站内停电困难，很难进行零值绝缘子检测，更不便清扫，使用瓷、玻璃绝缘子很难开展后期维护。对于已建变电站，根据现场污秽度和实际情况，也可以更换为复合绝缘子。

（4）复合绝缘子在 220kV 及以下的耐张绝缘子串使用的技术要求：110kV 线路耐张绝缘子串使用额定拉力为 120kN 的复合绝缘子，220kV 线路耐张绝缘子串使用额定拉力为 160kN 的复合绝缘子，在选用复合绝缘子时，应该优先选用拉挤工艺生产的耐酸高温玻璃纤维芯棒。

（5）随着复合绝缘子的大量使用，复合绝缘子的故障必然会增加，但复合绝缘子故障大部分可以重合成功，而且不可能出现大面积停电故障，不必过于担忧。但需加强对复合绝缘子的检测。

第六节　复合绝缘子选型分析

线路复合绝缘子的选择可参考 DL/T 1000.3—2015 选用绝缘子时主要依据绝缘子的使用环境条件、电力系统额定电压和短路电流、导线尺寸和导线拉力等。

一、线路用复合绝缘子选择的一般原则

根据 DL/T 1000.3—2015 的规定，在使用线路用复合绝缘子时应遵循以下原则。

在新建、扩建或改建输变电工程中，绝缘子的选择应遵循“技术成熟、工艺先进、质量可靠、有运行经验”的原则。新产品批量使用之前，试运行时间不得少于 1 年。220kV 及以下产品试运行数量不小于 200 支·年；330kV 及以上产品试运行数量不小于 90 支·年。

复合绝缘子的生产厂家必须经过“入网复合绝缘子质量保证必备条件”的严格考核。即对生产条件、技术条件、产品检验、质量管理和产品性能抽查试验 5 个方面认真考核。

复合绝缘子选择时的主要技术要求：端部连接方式应采用压接式、端部密封应采用高温硫化硅橡胶可靠密封的工艺、芯棒宜采用耐酸芯棒的复合绝缘子。优先选用工艺先进、质量稳定的产品。

订货时所选用产品的技术参数，主要包括以下几个方面：型号、额定电压、额定机械负荷、干弧距离、爬电距离、爬电系数、伞裙形状、伞间最小距离、结构高度、均压装置等。

关于技术参数的选择原则，参照相关标准的规定。同时还要综合考虑本地区的运行环境特点进行选择。

对于对海拔有特殊要求、多雷地区、覆冰地区，产品技术参数由双方共同协商解决。用于高海拔地区和多雷区的绝缘子，推荐加长型或串入 1～2 片瓷、玻璃绝缘子。对覆冰区应加强冰闪措施，推荐采用大盘径、大小伞和大中小伞结构。

二、按机械强度等级的选取

线路复合绝缘子的运行负荷包括正常机械负荷（OML）和异常机械负荷（EML）。

OML 代表了在无冰的情况下，导线、金具、间隔棒等组成的一个悬垂组的重量或是在一耐张组中导线的拉伸负荷，并考虑到最频繁的风速。EML 是指某一给定装置的整个寿命期内估计将出现总计最长持续时间为 1 周的负荷。这两种负荷都根据运行条件来确定。

EML 不应超过额定机械负荷（Specialised mechanical load，SML）的 60%，OML 不应超过 SML 的 40%。上述负荷都在绝缘子的损伤限以下，绝缘子不会被破坏。

对于完整的复合绝缘子，其短期和长期机械负荷还应考虑各种端部附件类型的机械性能。金属端部附件的最大允许工作负荷值受金属材料的弹性极限和端部附件最弱部分的设计所限制。因此，完整绝缘子的最大允许负荷由端部附件弹性极限或装配了端部附件的芯体拉出滑动（在正常环境条件下）所给定。

三、按电气性能选取

复合绝缘子在电气性能方面除应符合相应绝缘子的电气性能要求外，还应根据绝缘子安装地点环境条件考虑绝缘子爬电比距、伞裙形状以及绝缘距离等。

安装地点海拔超过 1000m 时应按 GB 311.1《高压输变电设备的绝缘配合》对试验电压进行校正。对污秽、潮湿环境条件应按 Q/GDW 152《电力系统污区分级与外绝缘选择标准》确定现场污秽等级和负荷绝缘子高度，按 IEC 60815 确定爬电比距和伞裙形状。

四、其他方面的考虑

线路复合绝缘子运行故障主要发生在 1993～2005 年，入网运行的复合绝缘子数量开始大量增加，运行复合绝缘子的故障率逐年下降。1990 年前故障率 0.5%以上，1998 年前后约为 0.1%，2000 年以后稳定在 0.05%以下，2006 故障率仅为 0.01%，属于历史最低水平。110（66）kV 线路复合绝缘子发生运行故障次数最多，其次是 220kV 和 500kV 线路。随着线路大规模使用复合绝缘子，复合绝缘子发生故障绝对数量较大。为减少复合绝缘子运行事故的发生，需从绝缘子的设计选型、安装及运行维护等方面考虑。

（1）全面规范和加强绝缘子选型、招标、监造、验收、安装及维护全过程管理，确保使用设计合理、质量合格的绝缘子。

（2）制造工艺上，复合绝缘子端部连接方式应采用压接式、端部密封应采用可靠密封的工艺、220kV 及以上电压等级芯棒宜采用耐酸芯棒。

（3）使用复合绝缘子进行防污调爬时，应综合考虑线路防雷、防风偏等性能，并加强对复合绝缘子积污状况的监测。

（4）在线路少雷区内复合绝缘子长度至少与同线路瓷绝缘子等长，在多雷区内复合绝缘子长度至少比同线路瓷绝缘子长 15%。

（5）覆冰区应采用大盘径、大小伞结构复合绝缘子，并在复合绝缘子上加装直径 300mm 超大伞裙。

（6）横担侧的防鸟粪大伞裙应合理设计，避免鸟粪沿均压装置外侧接近均压装置处落下，直接导致上下金具间短路闪络。

（7）加强绝缘子的质量检测工作，特别是要做好新采购批量绝缘子的抽样检测，杜绝劣质产品挂网运行。

（8）在复合绝缘子存放期间及安装过程中，严禁任何可能损坏绝缘子的行为；安装复合绝缘子时，严禁反装均压装置。

（9）其他。如在进行杆塔防腐处理时，应防止防腐漆滴落到复合绝缘子表面；在林木等植被茂密的山区，使用复合绝缘子时应避免山火烧伤绝缘子。

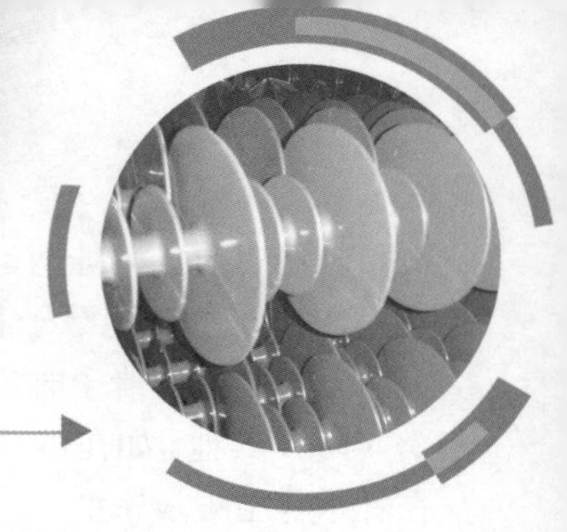

第三章

防覆冰绝缘子技术

第一节　复合绝缘子覆冰分析

一、国内外覆冰情况综述

覆冰积雪是普遍的自然现象。对于输电线路，覆冰积雪将会引起严重的事故。我国是国际上输电线路覆冰最为严重的国家之一。历年来已造成多次输电线路事故，其中主要的是覆冰引起绝缘子串闪络，覆冰过载引起杆塔倒塌和导线断裂、损坏。绝缘子覆冰后除可能造成机械故障外，由于绝缘子覆冰或被桥接后，泄漏距离缩短，且融冰时，覆冰绝缘子表面电阻显著降低，从而导致闪络事故，并且在闪络发展过程中持续电弧也可能烧伤绝缘子，引起绝缘子损坏及电气强度降低。因此，研究输电线路绝缘子和电站支柱绝缘子的覆冰闪络特性，了解其闪络规律，并根据其特性和规律提出防止绝缘子发生闪络的技术措施和方法则具有重要的工程应用价值和社会经济效益。

世界上最早有记录的输电线路覆冰事故出现在1932年。20世纪50年代以来，输电线路覆冰严重的俄罗斯、加拿大、美国、日本、英国、芬兰等国家相继投入技术力量对输电线路覆冰进行了观测和研究，探索输电线路覆冰的机理、覆冰的形成条件、导线覆冰后的冰风荷载的计算方法，同时绝缘子的冰闪也逐渐被研究。目前，在覆冰绝缘子串的工频及雷电冲击、操作冲击特性等方面已经取得了一定的成果。这些国家在实验室研究覆冰的机理，而且制定了覆冰的测试标准，抗冰设计规程，采取了一些有效的方法与措施。

我国首次记录的输电线路覆冰事故是在1954年后，我国输电线路的覆冰事故屡有发生，有记录的就有上千起。其中鄂西钟祥境内中山口大跨越导线、京津唐地区、南方电网的很多地区经常发生由覆冰引起的舞动、倒杆倒塔、绝缘子闪络等严重事故。如1999年3月8日，贵州省多条220kV线路因冰融化和雾闪络而使天贵 500kV 线路多次跳闸，导致贵州电网与南方电网解列。又如 2000 年 1 月 30 日，昆明地区因冰雪使 35kV 及以下线路 140 多条次跳闸，造成云南全省大面积停电。

覆冰及冰闪已严重影响输电线路的安全运行。尤其是 2008 年初湖南、江西等省大面积覆冰倒塔（见图 3－1），给电网造成了巨大损失。电力生产、运行单位广泛探索防冰灾、防覆冰的措施；各设计、研究及运行单位和电力主管部门已投入相当多的人力和物力进行线路覆冰调查及除冰防冰措施的研究。但是在如何有效地降低冰闪事故发生的可能性方面遇到了许多工程实际困难。到目前为止，这一课题仍然在探索和研究之中。

图 3－1　2008 年雪灾现场图

二、覆冰的形成及分类

覆冰分为许多种，1953～1958 年 D.Kuroiwa、I.Imai 等人通过对覆冰的长期研究，并根据覆冰的外形、形成和影响条件、密度及物理性质将覆冰分为三类，雨凇（Glaze）、雾凇（Rime）和混合凇（Mix Rime），其形成条件如表 3－1 所示。IEC 推荐的标准将覆冰分为雨凇、混合凇、软雾凇和湿雪。而中国和日本的研究人员将覆冰分为雨凇、雾凇、混合凇、白霜、积雪（包括干雪和湿雪）五类。按照覆冰形成机理又可分为三类覆冰，分别为降水覆冰、云中覆冰、凝华覆冰，其中降水覆冰为降水产生的覆冰雪，包括由冻雨而形成的雨凇和覆雪；云中覆冰是由过冷却的云或者雾的水滴与地面物体相碰撞冻结而形成；水蒸气直接冻结或经过凝华而在地面物体上形成的一种霜，称为凝华覆冰。

表 3-1 自然覆冰的分类及形成条件

覆冰类型	冰的密度（g/cm^3）	水珠半径（μm）	环境温度（℃）	风速（m/s）
雨凇	0.8～0.9	500～6000	−3～0	1～20
硬雾凇	0.6～0.87	5～20	−15～3	5～20
软雾凇	＜0.6	5～20	−25～5	5～20

三、复合绝缘子在防冰闪中存在的问题

从国内外复合绝缘子的运行状况可以看出，优异的耐污闪性能是推动复合绝缘子在国内外广泛使用的主要因素。因此，复合绝缘子的耐污闪性能、憎水性及其相关机理、污闪机理等一直是研究者与运行部门关注的焦点，也是国际有机外绝缘领域研究的主要方向之一。

与传统的瓷和玻璃绝缘子相比，复合绝缘子具有防污性能好、体积小、重量轻、机械强度高、免检零、少维护、运输方便等优越性，这些优点已经得到了普遍的认可。然而，在电网实际运行中，复合绝缘子也遇到很多问题，如机械性能较差导致芯棒脆断、不明原因闪络、耐雷水平低、硅橡胶材料老化等。近年来，加拿大 CIGELE、瑞典 STRI 和国内的重庆大学在对复合绝缘子进行覆冰试验时还发现，不仅覆冰使伞裙变形、局部电弧烧伤、局部憎水性丧失难以恢复，而且在同等覆冰条件下，复合绝缘子闪络（耐受）电压比同电压等级的瓷和玻璃绝缘子串低很多。造成这一问题的主要原因是，复合绝缘子在覆冰的情况下，由于伞间距离较小、伞径较小，冰凌很容易桥接部分伞裙，缩短爬电距离，使得大部分电压由复合绝缘子高压端附近处冰凌与伞裙间的空气间隙承担，并使得这些空气间隙场强迅速增大，加拿大 CIGELE 和重庆大学对复合绝缘子和传统的瓷绝缘子串的电场仿真中发现，在同等覆冰条件下，复合绝缘子沿面最大场强比瓷绝缘子串沿面最大场强平均高出约 5kV/cm，最大高出约 10kV/cm。这样高的场强使得沿空气间隙产生局部电弧，又加上冰表面由融冰产生的水膜电导率高达 100～1000μS/cm，使得局部电弧极易贯穿绝缘子而形成闪络。目前，覆冰情况下复合绝缘子电气性能急剧下降这一问题已经引起了国内外科研工作者的广泛重视。

随着我国电力事业的不断发展，“西电东送，北电南供”的输电网络的逐渐形成，大量的输电线路必然要经过重覆冰地区，复合绝缘子在这些覆冰地区的适用性仍是亟待解决的一个问题。因此，研究覆冰污秽环境中复合绝缘子结构优化不仅具有重要的科学意义，而且对于输电线路复合绝缘子的应用具有直接的工程指导意义。

第二节 冰闪机理研究

一、覆冰绝缘子电位和电场分布特性

覆冰可以看成是一种特殊的污秽，但由于冰在形式上比污秽更复杂，冰凌和空气间隙也对覆冰绝缘子电场有一定影响，因而覆冰绝缘子的电场分布比污秽绝缘子还要复杂。但就覆冰绝缘子电场分布来说，其特点也与污秽绝缘子的电场分布有很多的相似之处，具体表现为两者的电场分布都不仅与绝缘子结构、绝缘介质的介电常数、空气的介电特性以及空间电荷的分布相关，还与覆冰、融冰水和污秽的电导率相关。

在交流运行电压下，1 片悬式绝缘子的最大电场强度在钢脚处；复合绝缘子的最大电场强度在绝缘子两电极；沿绝缘子电流泄漏路径，电场强度逐渐下降，在地电极附近，电场强度略有上升。加拿大的 M.Farzaneh 和 C.Volat 运用边界元法（BEM）和 Coulomb3D 仿真软件建立覆冰支柱绝缘子的湿增长的三维模型并求解，并与试验研究相结合，得出的结论是：

（1）融冰期，高电导率水膜的存在影响了绝缘子表面的电位和电场分布；不考虑空气间隙的数量和位置，96%的外加电压加在不同的空气间隙上，而空气间隙的数量对局部放电并无明显影响。

（2）在融冰期，绝缘子的绝缘强度下降；覆冰的脱落和空气间隙的数量影响了支柱绝缘子的电场分布。

（3）空气间隙间电场 E_{gm} 的确定可以用来判断局部电弧的产生，当 E_{gm} 值超过电场临界强度时，所有空气间隙之间有局部电弧的产生，这通常会引起闪络。因此，当 E_{gm} 值很高时，通常绝缘子就处在危险的情况；空气间隙的数量和长度影响了闪络的发生，并给出了可以用来预测多个空气间隙情况下，空气间隙是否击穿的公式（3-1）。在此情况下，应用平均电场和平均临界电场式（3-2）可以预测绝缘子是否有局部电弧的产生，而忽略空气间隙的位置和数量。E_{gm} 只与完全电弧距离有关，随电弧距离上升而下降。

$$V_b = 3.96x + 7.49 \tag{3-1}$$

$$E_c = 3.96 + \frac{7.49}{x} \tag{3-2}$$

式中，x 为电弧长度，cm；V_b 为临界电场有效值，kV/cm；E_c 为临界闪络电压有效值，kV。

重庆大学采用有限元法和 COMSOL 软件对覆冰支柱和复合绝缘子在交直流环境下进行了电场特性的研究，在研究中考虑了渐近边界条件和虚拟材料参数应对有限元电场数值计算中的开域问题和悬浮导体问题。得出的结论与采用有限元法研究的结论及加拿大 CIGELE 覆冰绝缘子的电场模型的结算结果具有一致性，得出了覆冰绝缘子表面的电场及电位分布。研究考虑覆冰特性、空气间隙和伞裙结构，得出干湿覆冰下，绝缘子表面的空气间隙承担了大部分的电压降，且空气间隙越长，其承担的电压降越大，但增长是呈变缓的趋势；覆冰绝缘子表面的最大电场强度随冰层厚度、冰凌长度的增加而增加。图 3－2 和图 3－3 分别给出了覆冰绝缘子的电场计算模型和覆冰的模拟图。

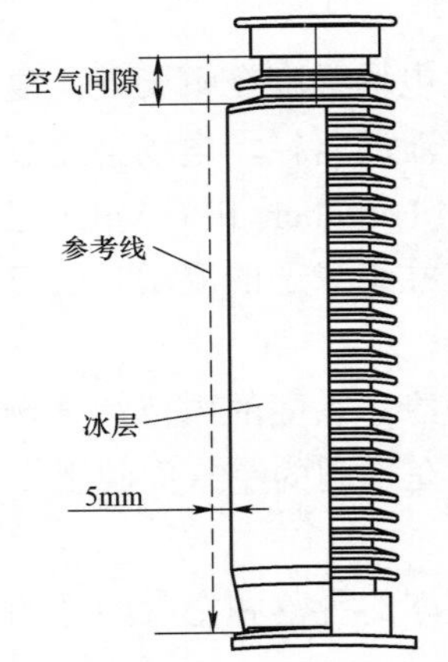

图 3－2　覆冰绝缘子的电场计算模型

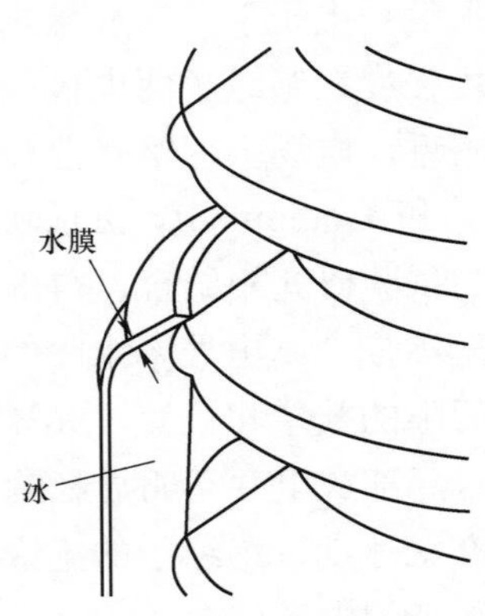

图 3－3　覆冰的模拟图

二、覆冰绝缘子放电模型

如上所述，覆冰是一种特殊的污秽，因而覆冰绝缘子的放电模型也是在污秽绝缘子放电模型的基础上发展起来的。同时，研究覆冰绝缘子的闪络特性，其最终的目的就是为了找出其放电规律，揭示其放电本质，找出放电电压与放电电流之间的关系即伏安特性，以便对输电线路绝缘子覆冰进行防护。20 世纪 60 年代开始，人们就利用污秽绝缘子的放电模型，开始对覆冰绝缘子的交直流放电模型进行研究。

（一）直流模型

1968 年，人们发现覆冰雪绝缘子比干湿绝缘子有较大的泄漏电流：当电流 $I>18$mA 时，覆冰绝缘子开始起弧；当 $I>180$mA 时，覆冰绝缘子开始发展成为闪络。覆冰可以看成是一种特殊的污秽，因而加拿大 M.Farzaneh 和 J.Zhang 等建

立了与污秽绝缘子相似的数学模型（见图 3－4）来模拟直流情况下的冰闪过程，并得出其闪络电压公式为

$$V = A \cdot k \cdot x \cdot I^{-n} + V_e + I \cdot R(x) \tag{3-3}$$

式中，A、n 为电弧的特征常数；k 为由于覆冰绝缘子闪络会出现飘弧现象而引进的参数；V_e 为电极压降；x 为电弧长度，cm；I 为泄漏电流；V 为闪络电压。

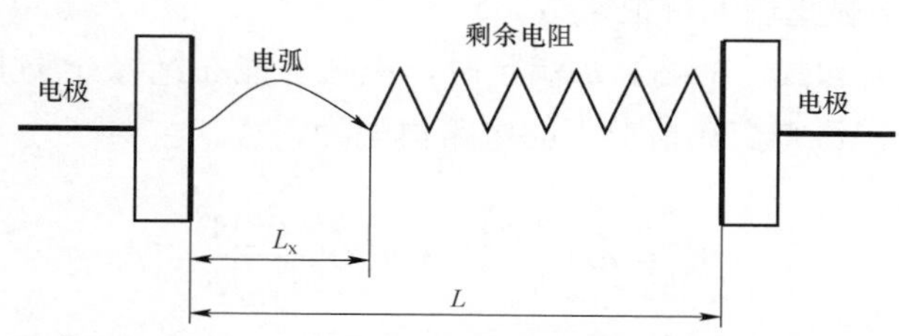

图 3－4　覆冰绝缘子闪络的数学模型

后来，M.Farzaneh 和 J.Zhang 利用三角覆冰模型得出了覆冰绝缘子放电的电弧特征常数，并与污秽绝缘子放电的电弧常数做了比较，见表 3－2。

表 3－2　　直流情况下电弧特征常数

电弧类型	正极性	负极性	污秽情况下
A	208.9	84.6	63
N	0.449	0.772	0.76
V_s	799	526	840

（二）交流模型

交流模型与直流模型最大的不同在于，交流电弧的发展过程中，电弧会出现熄灭和重燃现象。这就使得其电弧特性与直流情况下的电弧特性在电弧的维持条件、电弧的发展条件、电弧的发展速度、泄漏电流的零休等方面有一定的区别。针对交流覆冰绝缘子放电的这些特点，国内外的学者利用与直流情况下基本一致的平板模型进行了深入的研究。

交流情况下，平板模型中的电极压降可以忽略，同时，电弧的电极压降也可以忽略，这样，交流情况下的电路模型要满足的基本条件为

$$V_m = AxI_m^{-n} + I_m R(x) \tag{3-4}$$

式中，V_m 为绝缘子所承受电压的峰值，V；I_m 为泄漏电流的峰值，A；A、n 为电弧的特征常数；x 为电弧长度，cm；$R(x)$ 为指的是剩余电阻，即未被电弧桥接的

冰电阻。

同时，交流情况下，为了维持电弧不至于熄灭，不仅式（3－4）需要满足，同时还要满足电弧的重燃条件，即

$$V_{\mathrm{m}}=\frac{kx}{I_{\mathrm{m}}^{b}} \tag{3-5}$$

式中，k与b为电弧重燃的特征常数。

当式（3－4）和式（3－5）都满足时，电弧才能在绝缘介质上维持和发展，将上述两式综合，可得交流情况下的电路模型为

$$V_{\mathrm{m}}=Ax\left(\frac{kx}{V_{\mathrm{m}}}\right)^{-\frac{n}{b}}+R(x)\left(\frac{kx}{V_{\mathrm{m}}}\right)\frac{1}{b} \tag{3-6}$$

加拿大的 X.Chen、M.Farzaneh 和 J.Zhang 利用圆柱形模型对上述公式中的特征常数进行了求取，结果见表 3－3。

表 3－3　　圆柱形覆冰模型的交流电弧特征常数

A	n	k	b
152.1	0.52	1258	0.53

三、覆冰绝缘子放电机理及放电影响因素

覆冰绝缘子的放电机理与污秽绝缘子的放电机理有一定的相似性，因而，国内外学者利用污秽绝缘子的放电机理对覆冰绝缘子的放电机理进行了一些研究，与污秽绝缘子的闪络过程必须经过四个阶段（积污、湿润、局部电弧、闪络）相似，覆冰绝缘子的闪络过程也必须经历四个阶段，即覆冰、融冰、出现局部干区和局部电弧、局部电弧发展为闪络。但是，覆冰绝缘子的放电过程比污秽绝缘子的放电过程还要复杂得多。首先，水凝结成冰的过程与对冰形成的形状有明显的影响。其次，与污秽绝缘子只有一条闪络通道相比，覆冰绝缘子有两条闪络通道，一是冰的外表面，二是冰的内表面，实验室的试验过程中经常看到有沿内表面的电弧出现。冰的表面电导率和体积电导率受很多因素的影响，如温度、湿度、风速、覆冰水电导率、冰的状态和覆冰的过程等。最后，与污秽绝缘子相比，覆冰绝缘子的冰层厚度比污秽绝缘子污秽层厚度大很多，而且覆冰绝缘子的放电还与覆冰所形成的冰凌与伞裙间的空气间隙有很大的联系。

对于绝缘子覆冰，水凝结成冰的过程对冰的形状有很大的影响，而冰的形状对覆冰绝缘子的放电过程有很大的影响，同时，冰的形状对覆冰绝缘子的电场分

布也有很大的影响，在对覆冰绝缘子建立电场计算模型时，也要考虑到冰的形状的影响。

表征绝缘子覆冰程度的特征量有覆冰厚度、覆冰重量、覆冰水电导率（或融冰水电导率）等，加拿大 CIGELE 和重庆大学等对这些特征量对绝缘子闪络电压影响的研究结果中指出，随着覆冰厚度、覆冰重量和覆冰水电导率的增加，覆冰绝缘子的闪络电压将会下降。冰凌和桥接是绝缘子冰闪电压明显降低的主要原因。

综上所述，覆冰绝缘子的闪络过程与覆冰过程中形成的空气间隙密切相关，无论是从电场角度或是电路模型角度来考虑，空气间隙通常是电场密集区域或电弧起始点，现有复合绝缘子的伞间距和伞径较小，覆冰过程中，覆冰极容易桥接伞裙并在高压端形成空气间隙，而空气间隙上的高场强极易使得冰表面产生电弧并导致闪络。因此，研究覆冰复合绝缘子伞形结构的优化方案，不仅可以提高覆冰复合绝缘子的电气特性，同时也可指导其他绝缘子（如支柱绝缘子）在覆冰情况下的结构设计。

第三节　覆冰复合绝缘子电场特性

一、覆冰绝缘子电场计算方法

目前覆冰绝缘子电场计算方法主要有有限元法、边界元法和模拟电荷法。本节以有限元法（FEM）为例作为讲解，应用广泛的有限元法是为了对某些工程问题求得近似解的一种数值分析方法，这种方法是将所要分析的连续场分割为很多较小的区域（称为单元），这些单元的集合体就代表原来的场，然后建立每个单元的公式，再组合起来，就能求解得到连续场的解答。

研究覆冰绝缘子的伞裙结构对覆冰绝缘子电场分布的影响，要对覆冰绝缘子沿面电场进行精确的求解，而利用目前较为成熟的商业有限元软件，可以对微小伞裙结构变化下电场的变化进行较为精确的求解。FEMLAB 是基于 MATLAB 建立而起的，其可编程性好一些，方便处理有限元计算的开域问题并进行优化过程的编程循环计算。

二、电场模型

根据覆冰的外形、形成和影响的条件、密度和物理性质可将绝缘子覆冰分为三种类型：雨凇（Glaze）、雾凇（Rime）和混合凇（Mix Rime），这三种覆冰中，雨凇对绝缘子电气性能的影响最为严重。因此，本节所建立和计算的覆冰绝缘子电场分布模型大部分是针对覆冰绝缘子最危险，即最容易导致覆冰绝缘子闪络的覆冰类型——雨凇。同时，对雨凇覆冰绝缘子的沿面电场分布建模考虑了覆冰绝缘子最危险的状态，即融冰时的电场模型，这是由于，湿冰状态下水膜的电导率很高，通常可以达到覆冰水电导率的数十倍甚至数百倍，易于产生较大的泄漏电流改变局部场强分布。

清洁绝缘子的沿面电场分布主要由导线、杆塔排列布置和绝缘子伞裙结构所决定。而对于污秽绝缘子和覆冰绝缘子，由于表面泄漏电流的存在，绝缘子沿面电位分布主要由表面泄漏电流决定，此时杆塔和导线对绝缘子沿面电场分布影响很小。因此，建立覆冰绝缘子的电场模型时，可以忽略杆塔和导线对绝缘子表面电场分布的影响；同时，为了简便起见，所有的覆冰情况均视为均匀覆冰，即对于绝缘子表面每一处的冰层厚度和水膜厚度取为一致。因此，覆冰绝缘子未起弧前的电场分布模型可视为轴对称模型，其场域内各处的电位仅仅是（r，z）的函数，而跟 φ 无关，可以用轴对称电场求解方法对其电场分布进行求解。图 3－5 所示为覆冰复合绝缘子的二维轴对称场计算模型图，边界 AB 按实际设为地，绝缘子高压端离边界 AB 距离为实际杆塔呼称高，边界 DA 是对称轴，BC 边界和 CD 边界是人工截断边界。

对于交流覆冰绝缘子来说，由于电源电压随着时间 t 作角频率为 ω 的变化，此时电场的变化将会产生位移电流，因此，整个场域电场分布既不是恒定电流场，也不是完全意义上的静电场。泄漏电流的存在使得覆冰复合绝缘子的沿面电场分布显阻容性。因此，用恒定电流场或者静电场法求解覆冰复合绝缘子的沿面电场分布都是不准确的。采用复介电常数代替介电常数对 Laplace 或者 Poisson 方程求解，在 Laplace 或者 Poisson 方程中用 $\rho+j\omega\varepsilon$ 代替 ε 来求解，这种方法简单易用，对整个有限元方程的求解不需要进行大的变化，只需对有限元方程中的介电常数用复介电常数代替即可。因此，对于覆冰状态下的交流复合绝缘子，在图 3－5 所示的二维轴对称场中其电位分布应满足：

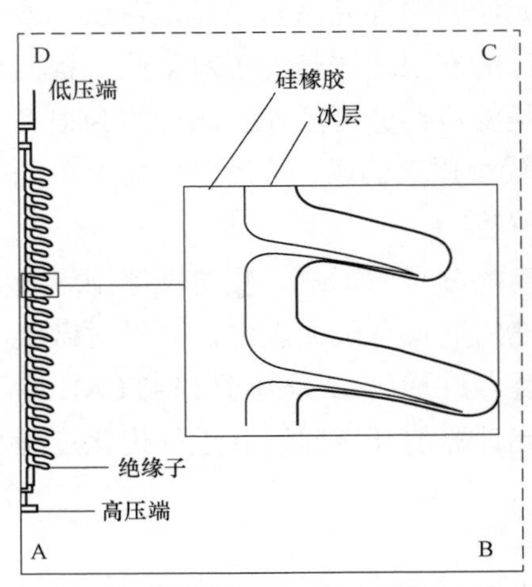

图 3－5　覆冰绝缘子电场计算二维模型

在整个求解域内

$$\frac{1}{r}\frac{\partial}{\partial r}\left\{(\rho+j\omega\varepsilon)\frac{\partial\varphi}{\partial r}\right\}+\frac{\partial}{\partial z}\left\{(\rho+j\omega\varepsilon)\frac{\partial\varphi}{\partial z}\right\}=0 \tag{3-7}$$

在高压端和接地端的边界上

$$\varphi|_{l_0} = f_0(p) \tag{3-8}$$

此时，高压端上的电位取为绝缘子上所施交流电压的幅值。

在对称轴上

$$\frac{\partial \varphi}{\partial r} = 0 \tag{3-9}$$

在两种电介质的边界上

$$\varphi_1 = \varphi_2 (\rho + j\omega\varepsilon)\frac{\partial \varphi_1}{\partial n} = (\rho_2 + j\omega\varepsilon)\frac{\partial \varphi_2}{\partial n} \tag{3-10}$$

在边界 BC 和 CD 上

$$\frac{\partial \varphi}{\partial n} + f_1(p)\varphi = f_2(p) \tag{3-11}$$

式中，φ 为电位；ε 为介电常数；ρ 为介质电导率；ω 为电源角频率。

利用有限元法求解以上方程，即是求解以下的变分方程组

$$\left.\begin{aligned} & F(\varphi) = \frac{1}{2}\int_{\Omega}(\rho + j\omega\varepsilon)(\nabla\varphi)^2 \mathrm{d}\Omega \\ & +\int_{\Gamma = L_1}(\rho + j\omega\varepsilon)\left(\frac{1}{2}f_1\varphi^2 - f_2\varphi\right)\mathrm{d}\Gamma \\ & \delta F(\varphi) = 0 \\ & \varphi|_{l_0} = f_0(p) \\ & \varphi|_{ab} = 0 \end{aligned}\right\} \tag{3-12}$$

边界 BC 和 CD 是人工截断边界，本文采用的是矩形人工渐近边界条件，对于图 3－5 所示的二维模型，在其人工截断边界上分别按人工渐近边界条件给出 $f_1(p)$ 和 $f_2(p)$ 的值，再带入变分方程，经过剖分和插值，就可以得到包含人工渐近边界条件的有限元方程。

三、覆冰绝缘子电场计算模型的验证

目前对于绝缘子的电场和电位分布的测量尚未很好地实现，覆冰绝缘子的电场模型的合理性很难得到试验数据的验证。加拿大 CIGELE 曾采用基于边界元法（BEM）的 Coulomb 3D 软件对加拿大魁北克市电网 735kV 电站瓷支柱式绝缘子的短样进行了覆冰情况下电场分布的模拟计算，得出了覆冰瓷支柱式绝缘子的空气间隙对电场和电位分布的影响，并通过电场测量仪对电场计算结果进行了验证，因此，该模型计算结果可以用来验证本书所提方法的正确性。图 3－6 是利用边界

元法建立的 735kV 瓷支柱式绝缘子的短样覆冰模型图，仿真参数如表 3－4 所示。

表 3－4　　仿　真　参　数

参数	硅橡胶	冰	水膜	空气
相对介电常数 ε_r	6.0	70	81	1.02
电导率（μS/cm）	0	1	300	0
厚度（mm）	—	Variable	0.15mm	—

利用有限元电场模型计算所得的覆冰瓷支柱式绝缘子沿面电位可以看出两种方法所计算的沿面电位分布基本一致。此外，也计算了空气间隙 2 在不同位置时各个空气间隙上的电压分布，并和加拿大的计算结果进行了比较，见表 3－5。

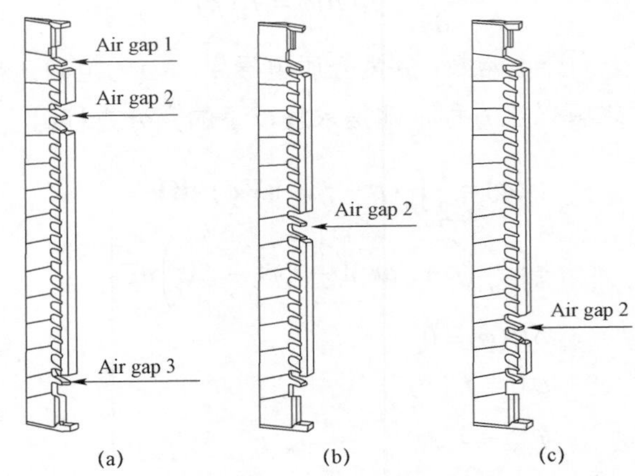

图 3－6　空气间隙 2 位置不同时的支柱绝缘子模型

（a）位置 1；（b）位置 2；（c）位置 3

表 3－5 空气间隙 2 位置不同时对应的空气间隙位置 1、2、3 的电压降 $\Delta U1$、$\Delta U2$、$\Delta U3$。

表 3－5　　空气间隙 2 位置不同时对应的电压降

电压降（kV）	位置 1	位置 2	位置 3
采用边界元法的计算结果			
$\Delta U1$	75.1	78.2	83.1
$\Delta U2$	41.5	34.4	28.3
$\Delta U3$	26.6	29.3	29.4

续表

电压降（kV）	位置 1	位置 2	位置 3
采用有限元法的计算结果			
$\Delta U1$	79.4	81.3	86.5
$\Delta U2$	45.2	32.5	25.5
$\Delta U3$	20.5	24.4	29.8

通过图 3－7 和表 3－5 的比较不难发现，无论是电位分布趋势还是空气间隙上的电压分布，两种模型计算所得的结果都很接近，计算误差在 5%之内。

四、伞裙结构对覆冰复合绝缘子电场的影响

传统的复合绝缘子以双伞裙结构为主，这种伞裙结构下，由于伞间距离较小、伞径较小，冰凌很容易桥接部分伞裙，缩短爬电距离，使得大部分电压由复合绝缘子高压端附近处冰凌与伞裙间的空气间隙承担，并使得这些空气间隙场强迅速增大。

因此，覆冰情况下的复合绝缘子伞裙结构优化设计通常是通过改变伞径，形成伞径各异的伞裙结构，如 4 伞结构、6 伞结构和 8 伞结构等。同时，为保持泄漏距离，通常会增加大伞直径和伞间距。然而，覆冰绝缘子电气性能的提高并不能通过盲目增加大伞直径和伞间距来取得，大伞直径取得过大，会导致沿泄漏路径的单位电导迅速增加，使得泄漏电流过大，反而降低了复合绝缘子的电气特性，同时，大伞直径过大或不同伞径伞数过多，会使得各伞间伞伸出与伞间距之比达不到自洁性要求。伞间距过大又会使得复合绝缘子结构高度提高，给输电线路杆塔设计带来困难。本节以 4 伞结构为例，建立了大—小—中—小 4 伞结构下复合绝缘子的电场计算模型，来研究伞径、伞间距和伞裙结构对覆冰绝缘子电场分布的影响。典型 4 伞复合绝缘子结构示意及其覆冰情况下电位分布图见图 3－7。

（一）双伞与 4 伞的电场分布特性比较

双伞复合绝缘子是我国交流电力系统中所用较多的类型，此种绝缘子为大小伞结构。4 伞结构复合绝缘子通常指大—小—中—小这样结构的复合绝缘子。图 3－8 给出了典型 220kV 交流复合绝缘子大小伞结构和 4 伞结构下复合绝缘子的电位分布比较。其中，双伞覆冰分为两种情况，图 3－8（a）和图 3－8（b）分别对应了冰凌到小伞和冰凌长度与 4 伞冰凌长度一致两种情况。4 伞情况下给出了冰凌到小伞情况下的电位分布。表 3－6 给出了不同覆冰情况下双伞复合绝缘子各伞电位和各伞间电场强度的比较。

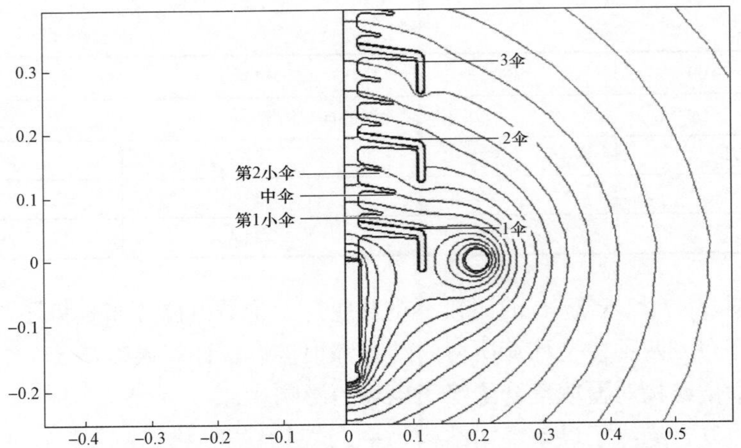

图 3-7　典型 4 伞复合绝缘子结构示意及其覆冰情况下电位分布图

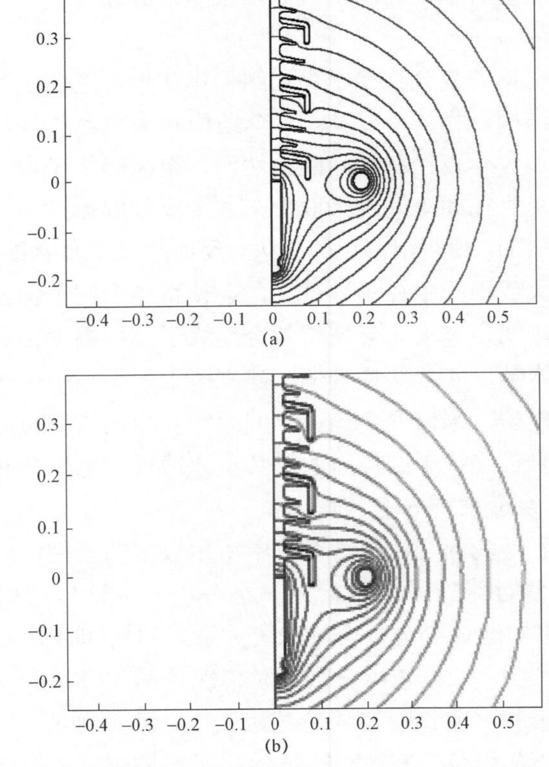

(a)

(b)

图 3-8　不同覆冰情况下双伞和 4 伞复合绝缘子电位分布比较（一）

（a）双伞（冰凌到小伞）；（b）双伞（冰凌长度与 4 伞冰凌到小伞长度一致）

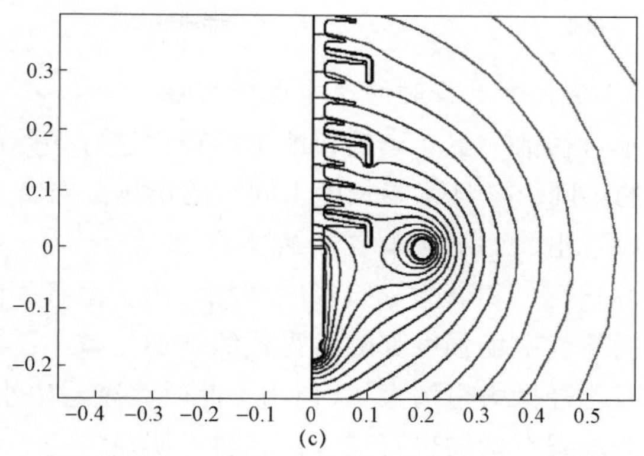

图 3－8　不同覆冰情况下双伞和 4 伞复合绝缘子电位分布比较（二）
（c）4 伞（冰凌到小伞）

表 3－6　不同覆冰情况下双伞复合绝缘子各伞电位和各伞间电场强度比较

伞间距（mm）	140	140	140
间隙距离（mm）	8	9.5	9.5
1 伞电位（kV）	175	175	173
2 伞电位（kV）	127	124	123
3 伞电位（kV）	91.4	88.2	87.8
1－2 场强（kV/cm）	6	5.37	5.26
2－3 场强（kV/cm）	4.45	3.77	3.71
第 1 小伞电位（kV）	163	164	165
中伞电位（kV）	142	146	147
第 2 小伞电位（kV）	132	132	134
冰与 1 小伞距离（cm）	5.5	7.5	8.1
冰与中伞距离（cm）	1.6	3.5	4.2
冰与 2 小伞距离（cm）	1.8	1.8	4.25
冰与 1 小伞场强（kV/cm）	6.55	5.33	5.19
冰与中伞场强（kV/cm）	9.38	6.29	5.71
冰与 2 小伞场强（kV/cm）	2.78	4.44	2.59

从图 3－8 和表 3－6 可以看出：4 伞结构无论对于何种覆冰情况，无论是冰凌与冰的空气的间隙场强还是冰凌与伞的间隙场强，4 伞结构都表现出了良好的覆

冰性能。

（二）两种不同4伞大伞直径时的覆冰电场特性

为了对不同大伞直径情况下4伞的覆冰电场特性进行初始研究，并对不同大伞情况下本节4伞的不同伞径且冰凌长度不同时的电场分布特性计算，见图3-9。

从仿真结果可以看出，对于4伞复合绝缘子：

（1）第一种覆冰情况。随着大伞直径的增加，由于空气间隙距离变大，靠近高压端的两个空气间隙的电场强度都随着盘径的增加而减小；冰凌与中伞和小伞间的电位差其实随着伞径增大也增大了，但由于此时冰凌与中小伞的距离增大了，所以冰凌与中小伞的场强有增加也有减少，趋势不明显。

（2）第二种覆冰情况。随着大伞直径的增加，冰凌与大伞间的电位差基本不变，靠近高压端的两个空气间隙的电场强度基本上没有变化，或者减少极小；而冰凌与伞裙间的场强变化也不明显，有增大也有减小。

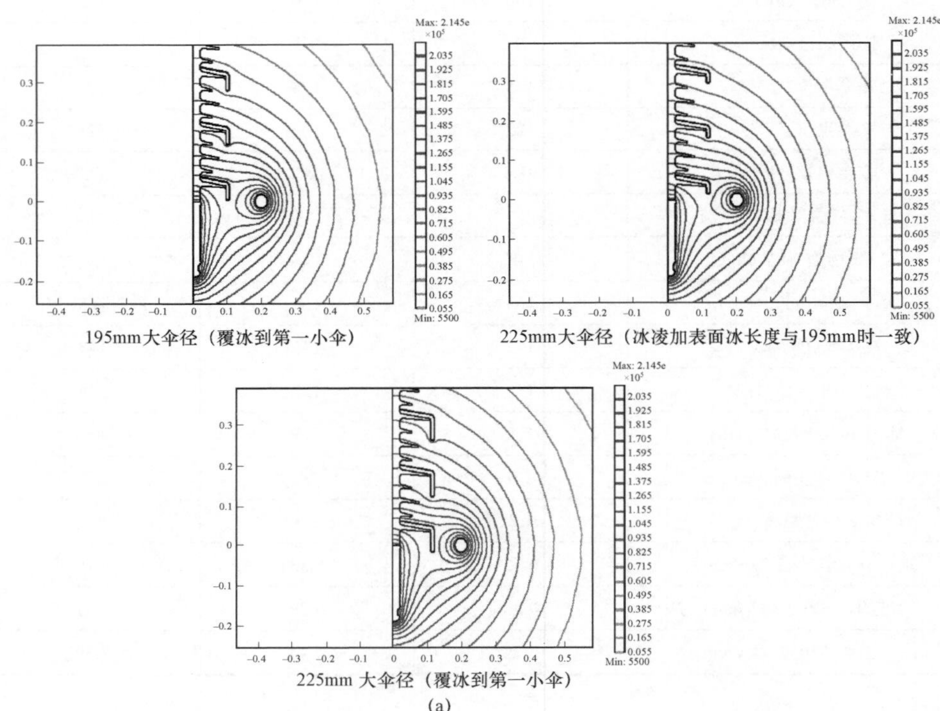

图3-9　典型220kV双伞和4伞复合绝缘子不同覆冰情况下电位分布比较（一）

（a）双伞（冰凌到小伞）

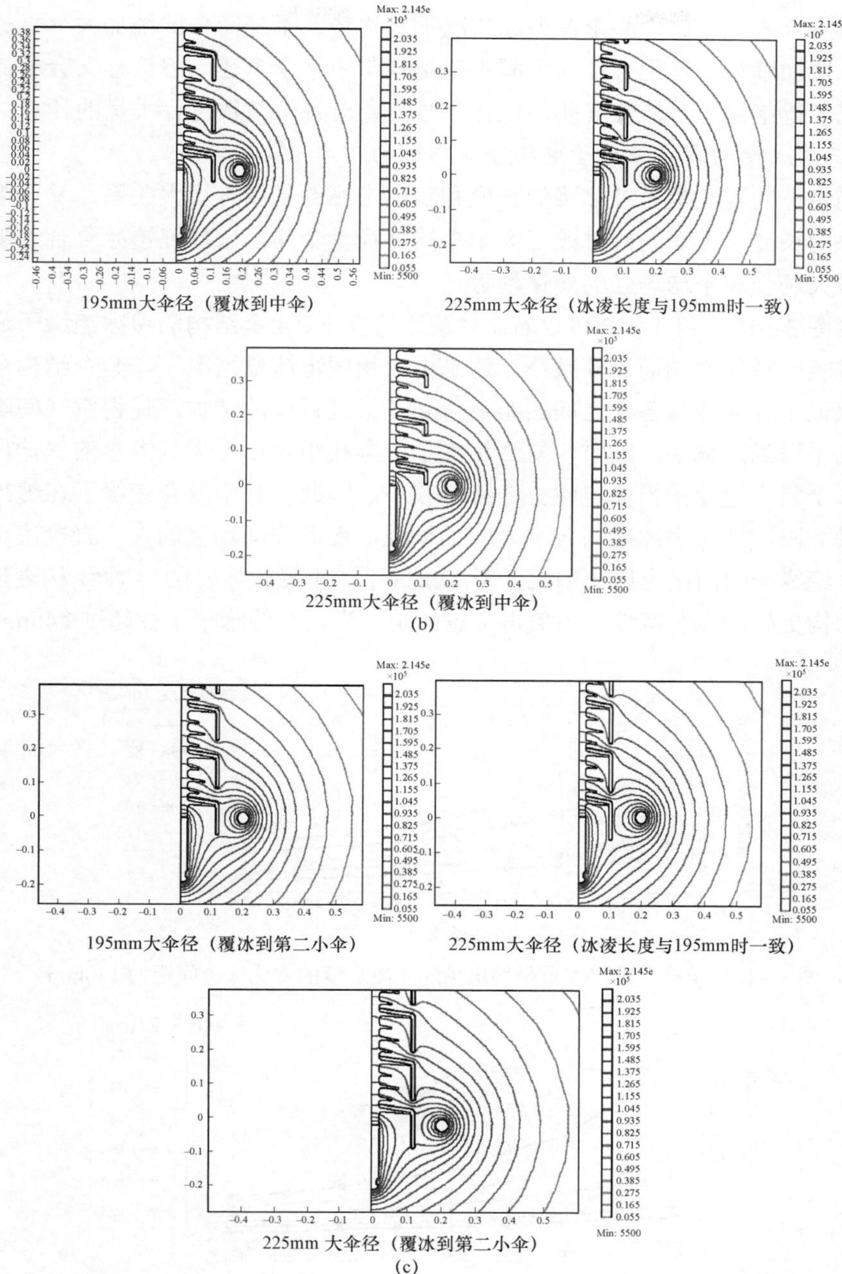

图 3－9　典型 220kV 双伞和 4 伞复合绝缘子不同覆冰情况下电位分布比较（二）

（b）双伞（冰凌长度与 4 伞冰凌到小伞长度一致）；（c）4 伞（冰凌到小伞）

与双伞方式相比，4 伞在覆冰情况下有优势，不是简单的增加大伞直径就可以了，增加伞径最好配合增大伞间距或是减小中小伞伞径，但这样又会增加结构高度或使得绝缘子自洁性变差，优化参数需要对各个参数进行大量的计算。

（三）大伞对覆冰绝缘子电场分布的影响

绝缘子的覆冰量以及冰凌的长度和输电走廊的气候有很大关系。复合绝缘子覆冰总的长度不改变的同时改变大伞伞裙外径及伞间距来探究覆冰复合绝缘子高压端最大场强和平均场强的变化趋势。

由图 3－10～图 3－12 可以看出，覆冰情况下，4 伞结构的覆冰绝缘子最大电场强度随伞径的增加而逐渐减小，这是由于相同覆冰量情况下，4 伞结构伞径的不同保证了各冰凌与各伞之间的距离得到了最大程度的增加，使得空气间隙的场强得到了适当的减小，同时，复合绝缘子中伞和小伞由于受到大伞的保护，其伞径对整个复合绝缘子沿面电位分布影响较小。因此，4 伞复合绝缘子在覆冰情况下能最大限度地减小冰凌与各伞之间的场强，而冰凌间场强的大小直接决定了覆冰复合绝缘子的闪络电压，因此，覆冰条件下，伞径较丰富的 4 伞结构表现出比双伞结构更好的电场特性。但值得主意的是，当复合绝缘子伞径超过 245mm 后，

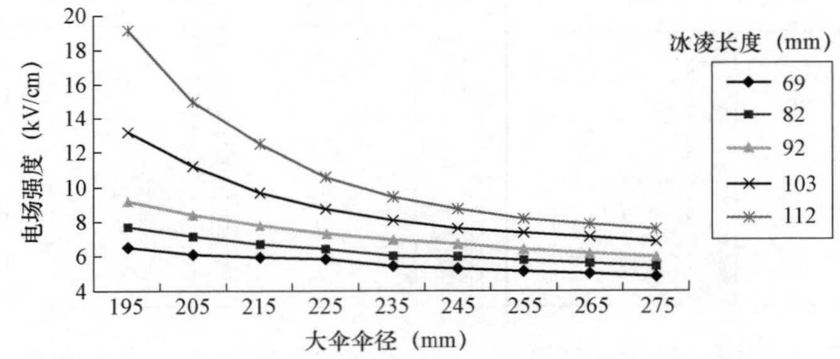

图 3－10　第一～第二大伞平均电场随冰凌长度的变化（伞间距为 140mm）

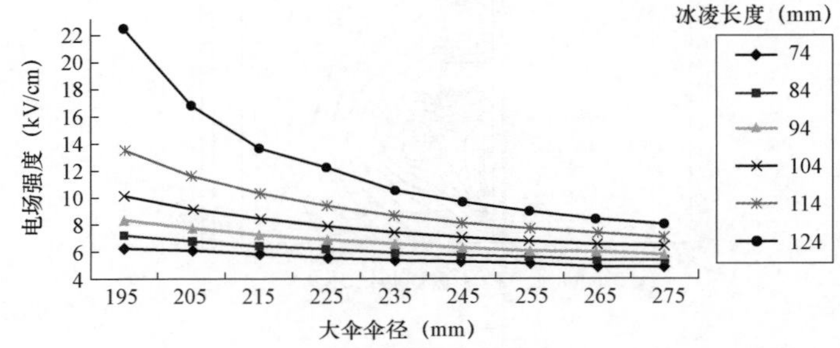

图 3－11　第一～第二大伞平均电场随冰凌长度的变化（伞间距为 150mm）

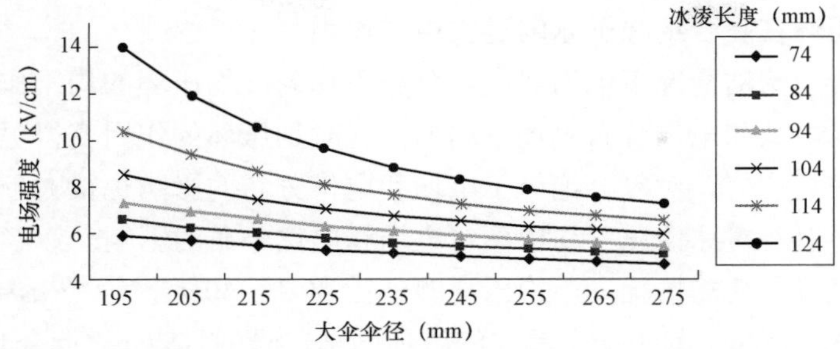

图 3－12 第一～第二大伞平均电场随冰凌长度的变化（伞间距为 160mm）

这种趋势变缓，为了提高绝缘子的覆冰性能并同时保证绝缘子的自洁性，推荐复合绝缘子大伞直径不超过 245mm，但这一结果还需试验结果的验证。

从图 3－13、图 3－14 可以看出，随着大伞伞间距的增大，同等覆冰条件下复合绝缘子的最大场强减小，且没有明显的饱和趋势，但为了不增加绝缘子的结构高度，同时保持伞间距/伞伸出在 1 以上，推荐大伞间距 140mm 以下。

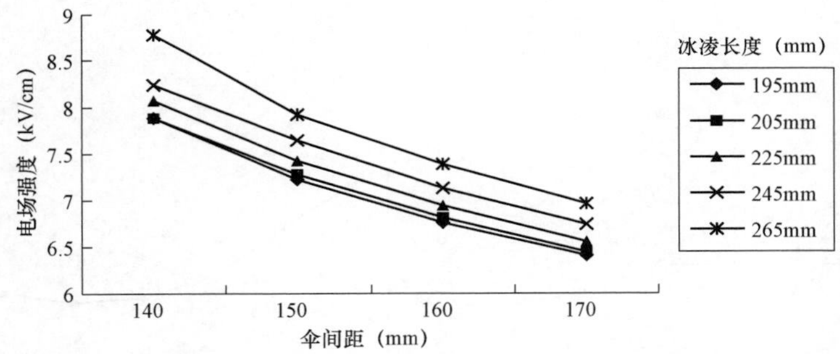

图 3－13 伞距对第一大伞最大电场强度的影响（大伞伞径 195mm）

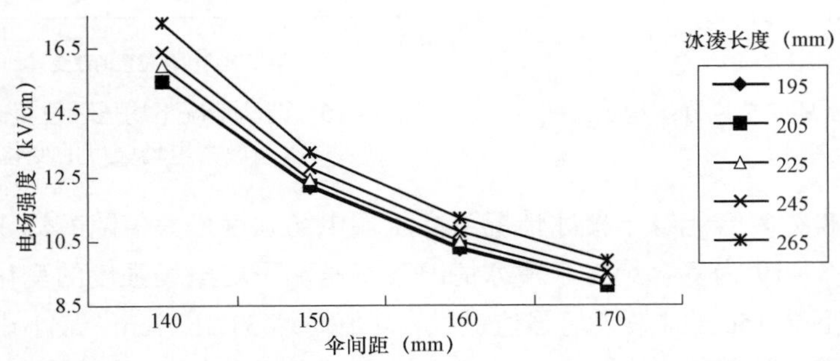

图 3－14 伞距对第二大伞最大电场强度的影响（大伞伞径 195mm）

五、均压环在复合绝缘子冰闪过程中的作用

复合绝缘子清洁情况下电场和电位分布不均匀，均压环的均压作用很重要；在覆冰以后，电场和电位分布更加不均匀，这时均压环的作用变得更加明显。同时均压环的安装位置，对复合绝缘子电场和电位分布的影响也很大。本节给出了在清洁情况下以及覆冰情况下均压环对电场和电位分布的影响。

在复合绝缘子清洁情况下，均压环的外径为 $d_1=40$cm，管径 $d_2=4$cm，高压端位置从－15～15cm，其中把金具与绝缘体的结点设为零点，靠近金具端为负值，靠近绝缘端为正值，如图 3－15 所示。

由图 3－16 和图 3－17 可见，均压环在结点处－15cm 时最大场强值最大，其值高达 27kV/cm，最小出现在当均压环处在 0～5cm 时，其值为 16.5kV/cm 左右。对于高压端和高压端第一个大伞裙之间的平均电场强度，随着均压环位置的提高，由－15cm 的 7.2kV/cm 降到 5cm 时的 3.5kV/cm，然后随着均压环位置的提高，其值又在增加。而高压端第一个大伞和第二个大伞之间的平均场强在均压环由－15cm 提升到结点之间，其值缓慢增加，从结点到 15cm 处，平均电场强度快速下降。

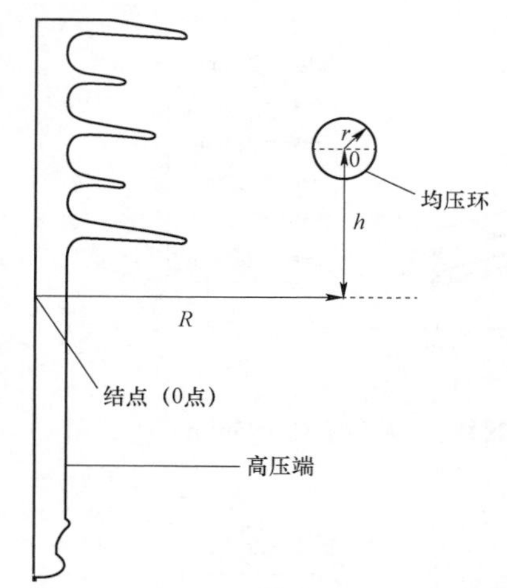

图 3－15　均压环安装位置结构示意图

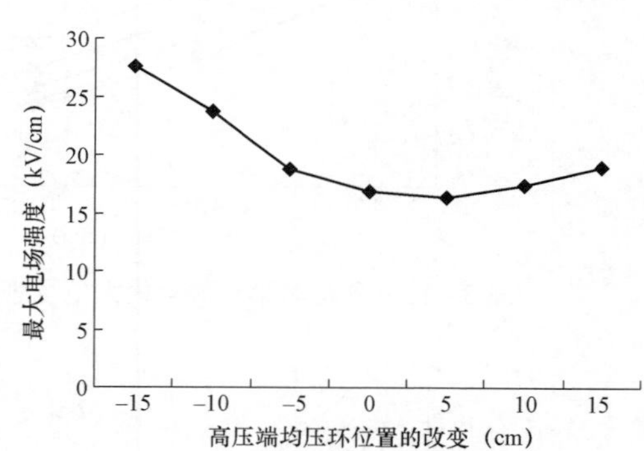

图 3－16　清洁情况下均压环位置改变后高压端最大电场强度的变化

图 3－18 为复合绝缘子覆冰情况下高压端电场强度最大值随着均压环位置的变化图，图 3－19 为复合绝缘子覆冰情况下高压端平均电场强度的变化。可见均压环在结点下端 15cm 时最大场强值最大，其值高达 31.1kV/cm，最小出现在当均压环处在 0 点时，其值为 18.6kV/cm 左右。对于高压端和高压端第大一个伞裙之

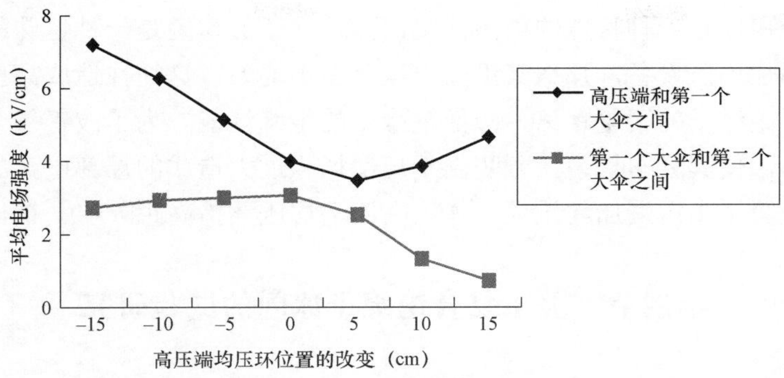

图 3－17　清洁情况下均压环位置改变后高压端平均电场强度的变化

间的平均电场强度，随着均压环位置的提高，由－15cm 的 7.52kV/cm 降到 0cm 时的 4.6kV/cm，然后随着均压环位置的提高，其值又在增加。而高压端第一个大伞和第二个大伞之间的平均场强在均压环由－15cm 提升到－5cm 之间，其值缓慢增加，从结点到 15cm 处，平均电场强度急剧下降。

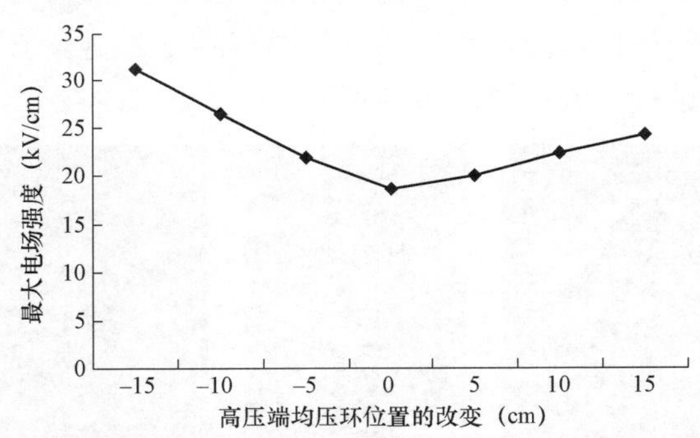

图 3－18　覆冰情况下均压环位置改变后高压端最大电场的变化

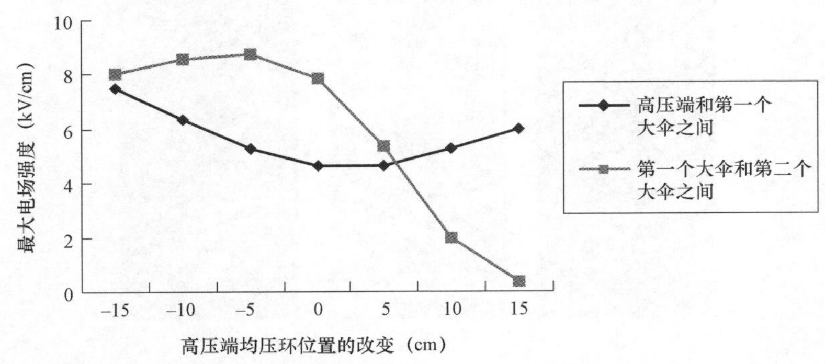

图 3－19　覆冰情况下均压环位置改变后高压端平均电场强度的变化

绝缘子覆冰是一种特殊的染污情况，而绝缘子的冰闪是一种特殊的污闪。如果绝缘子不加均压设备，那么其沿面电压分布不均匀，这往往造成高压端局部放电，缩短了绝缘子的爬电距离，降低绝缘子的绝缘性能。为了改善复合绝缘子沿面电压分布，使其分布均匀，预防由于局部场强过大造成的局部电弧放电，运行中常常在绝缘子高压端加均压环，建议高压端均压环抬高距 $h=0\sim5$cm。

第四节 关于复合绝缘子冰闪的试验研究

一、研究内容

通过对 220kV 复合绝缘子覆冰状态下的电场仿真分析，得出了 4 伞结构复合绝缘子的覆冰电气特性要优于传统双伞复合绝缘子的覆冰电气特性这一结论，并研究了 4 伞裙结构参数对覆冰复合绝缘子电场特性的影响，确定了大伞直径和最大伞间距。同时，从电场仿真结果来看，4 伞情况下，中伞直径和小伞直径对覆冰复合绝缘子的电场特性影响不大。为了验证以上仿真结论，并从试验的角度探求复合绝缘子结构的最佳搭配，设计了三种类型的复合绝缘子（见图 3－20），在人工气候室内对其进行了人工覆冰闪络试验。

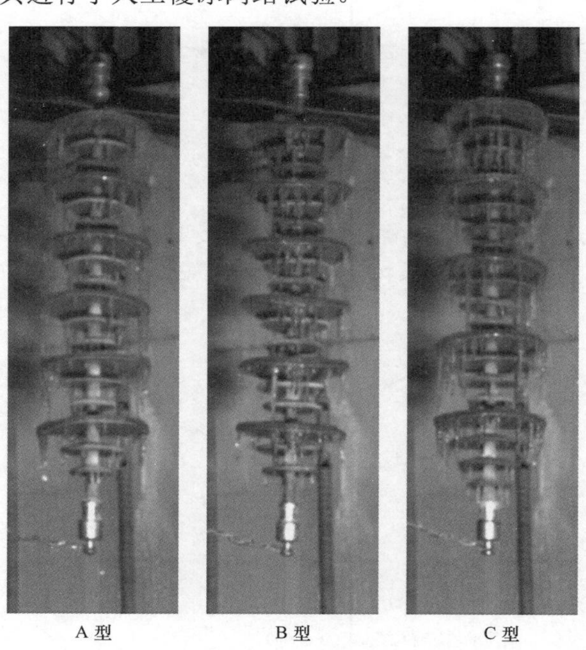

A 型　　B 型　　C 型

图 3－20　三种伞裙结构复合绝缘子

试验研究采用的主要方法为最低闪络电压法（U 形曲线法）。最低闪络电压 $U_{f\min}$ 反映了覆冰绝缘子在融冰过程中的电气特性。U 形曲线法具体做法是：

（1）当绝缘子表面覆冰达到预定要求时，停止喷雾并继续冷冻约 15min，然后打开人工气候室的密封门，放进暖空气或采用加热方式使冰层按要求的速度逐渐融化。为节约试验时间，温升速度一般为 0.1～0.2℃/min。

（2）当覆冰层开始融化和气压达到要求（如进行高海拔试验）时，采用均匀升压法对覆冰绝缘子不断地进行重复闪络试验，每次闪络试验测量闪络电压及电流，并观察闪络现象。为使每次闪络事件具有独立性，并为试验确保找到最低闪络电压，每相邻 2 次闪络试验之间的时间间隔约为 3min。

由以上步骤得到的覆冰绝缘子的直流闪络电压 U_f 与闪络次数 N 或融冰时间的关系呈 U 形曲线，U 形曲线的最低点则为最低闪络电压，因此覆冰绝缘子最低直流闪络电压 $U_{f\min}$ 可表示为：

$$U_{f\min} = Minimm(U_{f1}, U_{f2}, \cdots, U_{fi}, \cdots, U_{fn}) \tag{3-13}$$

利用 U 形曲线法求取覆冰绝缘子在融冰期的最低闪络电压应注意的事项有：

（1）必须严格控制环境温度升高的速度。温度升高太快，覆冰绝缘子的表面冰层容易脱落，绝缘子表面的污秽物质和冰层表面的导电物质容易随着水膜流失，难以得到实际的最低闪络电压。实际线路上，环境温度的变化较缓慢，试验室很难以实际温度升高的速度进行试验，我们在试验中通过大量的试验摸索和分析，提出环境温度升高的速度在 0.5～1.0℃/5min。

（2）必须严格控制闪络时的环境温度，一般最高环境温度不超过 10℃。环境温度太高，冰层早已融化，环境温度太低，冰层达不到自行融化的目的。通过覆冰闪络事故的分析和试验室大量的试验研究分析，U 形曲线法试验融冰期最低闪络电压时最低闪络电压出现时的环境温度一般控制在 –2～2℃之间。

（3）相邻二次的闪络的时间间隔应控制在 3～5min 之间。时间间隔太长，水膜以及污秽物质流失过多，难以得到实际的最低闪络电压，时间太短，放电离子没有足够的扩散时间，影响下次放电电压。U 形曲线法的试验终止是以绝缘子表面冰层是否完全融化和脱落为参考。

二、试验结果及分析

（一）闪络过程分析

闪络试验过程中采用高速照相机对其闪络过程进行了拍摄，以便分析伞裙结构对复合绝缘子电弧发展过程的影响。

如图 3－21 所示，从 A 型复合绝缘子的覆冰闪络情况来看，高压端和接地端先起弧，绿色的局部电弧迅速转变为淡蓝色的局部电弧，继而迅速地转变为稳定燃烧的白色电弧。且白色电弧完全沿冰凌和冰凌间空气间隙路径发展，绝缘子各双伞表面基本上没有发生电弧，这说明此种伞型配置之下，绝缘子表面的泄漏距离没有得到充分利用，冰凌与伞之间的空气间隙的击穿电压比沿面电弧放电电压要低，因而此种伞径下的整个结构高度下的空气间隙距离决定了其闪络电压。

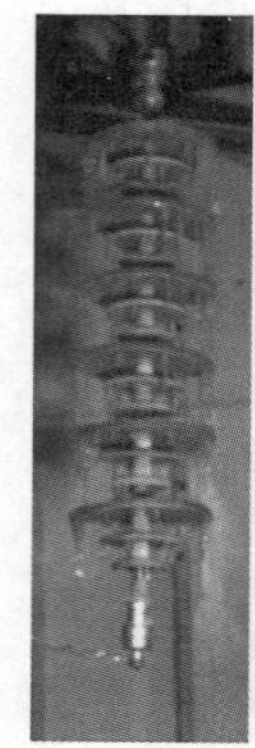
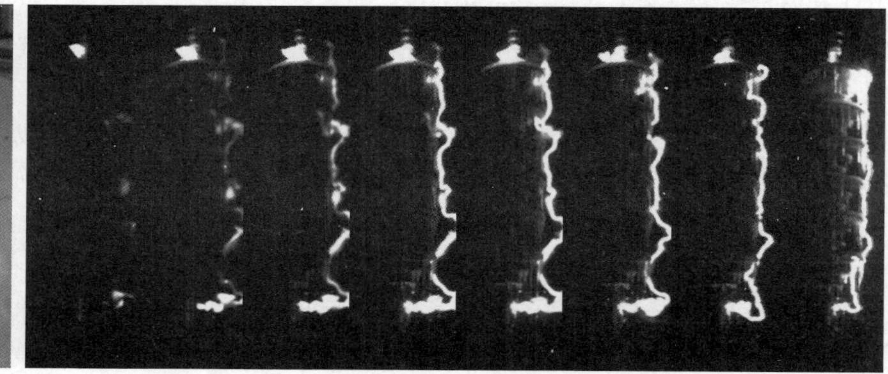

图 3－21　A 型复合绝缘子闪络过程

如图 3－22 所示，与 A 型绝缘子不同，B 型绝缘子的从沿面的泄漏距离得到了一定的利用，高压端第一组伞裙和第二组伞裙上的电弧发展基本上是沿面发展，但第三组伞裙上的电弧基本上是沿空气间隙，最终闪络也是从高压端开始发展到低压端，且最终闪络时由于电弧的漂移使得只有靠近高压端的第二组伞裙上的绝缘距离得到了充分利用，因此其平均闪络电压比 A 型高一些。

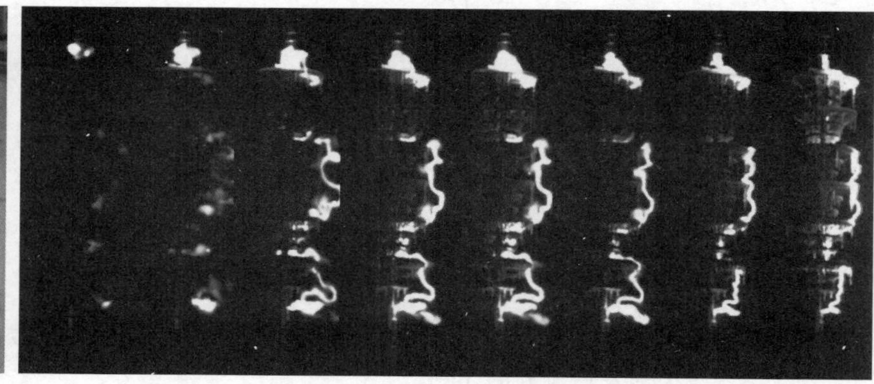

图 3－22　B 型复合绝缘子闪络过程

如图 3－23 所示，C 型绝缘子的表面泄漏距离得到了充分利用，最终闪络时除了靠近高压端第二组伞裙电弧沿空气间隙发展，其余伞裙电弧全是沿泄漏距离发展，其泄漏距离得到了充分的应用。同时，由于伞增加，电弧发展并不迅速，并经历多次从紫色电弧到白色电弧，再到紫色电弧的电弧重燃—熄灭—再重燃的过程，因此其闪络电压比 A 型和 B 型绝缘子高很多。

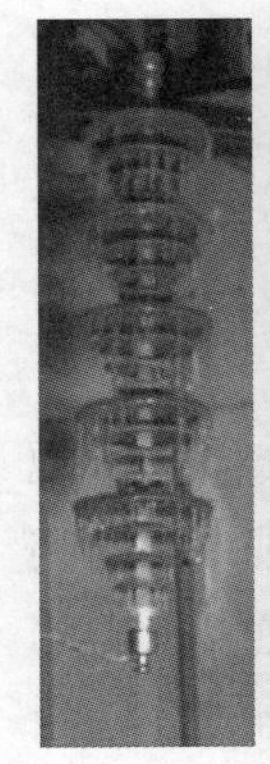
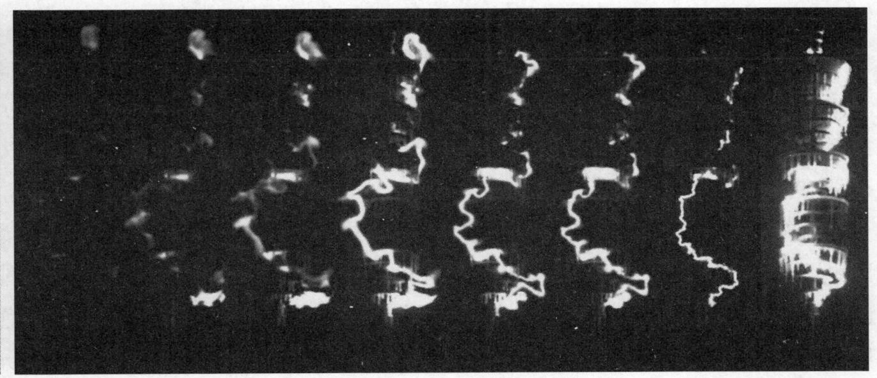

图 3－23　C 型复合绝缘子闪络过程

（二）闪络实验结果

基于人工覆冰试验方法，在实验室对 3 种复合绝缘子进行了 5 组人工覆冰闪络实验，试验结果见表 3－7。

表 3－7　　人工覆冰闪络试验结果　　（kV）

型式	第 1 组	第 2 组	第 3 组	第 4 组	第 5 组	平均
A 型	129.2	175.2	135.1	150.2	146.2	147.18
B 型	123.1	180.3	124.0	167.2	151.0	149.12
C 型	153.2	216.0	168.2	192.0	188.3	183.54

由试验结果可知，4 伞 C 型复合绝缘子的覆冰电气性能比 3 伞的 A 型和 B 型绝缘子覆冰电气性能要高很多。与电场计算结果相比，C 型绝缘子结构比较复杂，冰凌在各级伞之间的空气间隙距离较大，空气间隙上场强得以减小，使得电弧发展时难以桥接空气间隙，绝缘子沿面泄漏距离得到了充分利用。而电场计算的结果也表明，空气间隙对覆冰复合绝缘子沿面的电场分布影响很大，要使得覆冰复合绝缘子的闪络电压升高，必须要减小冰凌空气间隙之间的场强，使得绝缘子的爬电距离得到充分应用，闪络路径尽量从绝缘子表面进行，而不是沿空气间隙发

展。因此，试验的结果与电场计算的结果比较吻合，即较复杂的 4 伞排列形结构有效地提高了绝缘子的闪络电压。

第五节 复合绝缘子防冰闪应采用的措施

近几十年来，我国大面积冰害事故时有发生，特别是 2008 年 1 月，我国南方大部分地区电网遭遇了特大冰灾，线路出现大面积倒塔断线，电网安全面临前所未有的严峻考验。由于大面积冰闪事故的发生，相应电力运行部门都进行了防冰闪的有益尝试。目前防冰闪措施主要有，采用 V 形串（或倒 V 形串）以及采取防冰闪复合绝缘子。

中国电力科学研究院曾进行了“500kV 线路绝缘子抗覆冰闪络研究”为课题的研究，该项目研究了覆冰绝缘子串的生成条件、工频电压下的闪络规律和影响因素，提出了覆冰绝缘子串的闪络规律和影响因素，防止和减少覆冰绝缘子串的闪络措施，为设计和运行部门提供参考。该项研究是在户外高压试验场进行，用人工覆冰的方法模拟输电线路绝缘子串的覆冰生成和形态以及在工频闪络下的规律，研究了闪络电压和串长、冰层厚度、冰水电导率、污秽度的关系；在防冰闪方面研究了憎水性涂料、有机合成绝缘子、混合绝缘子构成的悬垂串以及 V 形悬挂方式对冰闪电压的影响，认为 V 形串有较高的冰闪电压，可以作为覆冰区防冰闪的措施之一。倒 V 形串（或 V 形串）是介于耐张串与悬垂串之间的一种布置方式，它有一定的自洁性。由于其有效长度满足雷电过电压电气距离的要求，绝缘子串长度增加，等同于泄漏距离的增加，起到了提高污闪电压的作用；覆冰融化脱离较快，由于斜向布置，融污不形成连续的闪络通道。从宏观上讲，从布置方式上起到了防冰、防污的双重效果，可以提高和改善悬垂防冰闪的能力。倒 V 形串（或 V 形串）防冰闪在得到了广泛的应用。

H.Akkal 提出了一种新型改进的均压环，即通过在均压环与金属电极之间的圆形气隙处添加金属网格，使均压环不仅能够改善沿串电位分布的均匀性，同时也使其具有增爬裙的功能，遮挡紧靠均压环下端的部分伞裙，从而在覆冰时形成较大的空气间隙，提高其耐受电压，同时试验验证了其可行性。

重庆大学研究了一种耐磨超疏水半导体硅橡胶复合涂层的制备方法，通过试验证明超疏水半导体涂层能借助液滴自弹跳和电动效应降低表面凝露量，延缓表面覆冰，在低温覆冰实验中显示出良好的防冰效果。同时，超疏水半导体涂层在电热作用下具有自除冰能力，能提高除冰效率。

另一方面，根据DL/T 1000.3—2015中5.6特殊要求，对覆冰区应加强防止冰闪措施、推荐采用大盘径、大小伞和大中小伞结构。在此基础上，重庆大学和国网河南电力在防冰闪中采用4伞复合绝缘子进行了积极研究和探索。

覆冰及冰闪是影响输电线路安全运行的重要自然灾害之一。2005年河南信阳地区由于复合绝缘子覆冰引起了多起绝缘子闪络跳闸事故，给输电线路供电可靠性带来较大的影响。2006年9月，信阳供电公司在部分220kV线路挂网运行了防冰闪复合绝缘子，该批防冰闪复合绝缘子自挂网运行以来，运行良好。在2006年冬季大雪及覆冰季节，挂网运行的防冰闪绝缘子未发生一起冰闪事故，体现了良好的防冰闪能力。

防冰闪复合绝缘子的成功应用，解决了实际生产问题，提高了电网抵御覆冰及冰闪能力，保证了电网的可靠运行。此新型防冰闪复合绝缘子设计科学合理，容易实施，在基本不增加成本的情况下，有效地防止了鸟粪、雨雪冰闪络，避免了停电事故，经济效益、社会效益明显。

但是，必须提出，对于所采用的防冰闪复合绝缘子其伞裙结构必须具有一定的强度，否则，覆冰过程中各伞裙都有一定程度的变形，融冰水基本上往伞裙上的一些凹槽方向流动，使得凹槽下的冰凌与伞裙其他部分的冰凌长度相差很大。对闪络电压影响也较大，甚至起不到防冰闪的作用。因此，实际挂网运行的冰区复合绝缘子必须选用较好的材料，如不能保证材料的强度，可以适当减小大伞直径以保持伞的强度同时不变形。

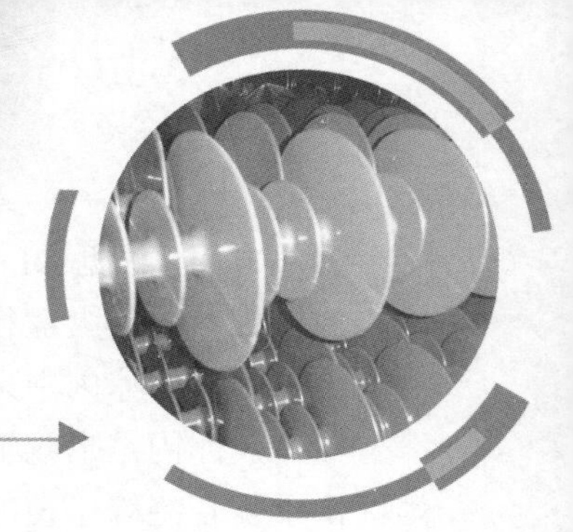

第四章

复合绝缘子的特殊应用

第一节 相 间 间 隔 棒

一、输电线路舞动及特点

（一）舞动概述

架空输电线路的导线或地线在外力作用下（主要是风力）会发生振动，在个别特殊的气象条件和地形地貌下导线还会发生十分罕见的大幅度跳动现象，俗称“舞动”。导线舞动产生的原因、特点和预防措施的研究是一个十分复杂课题，目前对舞动发生条件具有一定认识：

（1）导线舞动因素。主要有风的激励、不均匀覆冰、线路结构参数等。就风引起导线舞动来看，关键在于风力的大小、方向和节奏性。太小的风不能有足够的能量，顺线方向的风较难引起舞动，杂乱无章无节奏的风也难引起舞动。导线结冰后增大了受风面积，可以增加舞动概率，但并不是舞动的必要条件。输电线路舞动通常发生在冬季导线覆冰而形成非圆断面的情况下，只有个别情况例外。

（2）舞动特点。低频（0.1～3Hz），大振幅（约为导线直径的 5～300 倍）。

（3）分裂导线数越多，导线舞动概率越高。

（4）地形对导线舞动有很大影响。一般开阔地带、形成许多“风口”的丘陵地带，较易发生导线舞动。

（5）气压的影响。气压高的地区，易出现舞动，如我国东北和华北地区；气压低的地区，一般不会发生舞动，如我国西北地区。

（6）导线舞动与电压等级、导线档距也有关。10kV 线路，舞动多发生在 100m 档距以下；35kV 线路，则发生在 100～200m 档距；110kV 线路，多发生于 200m 档距；220kV 线路，多发生于 200～400m 档距。

（7）舞动幅值（峰—峰值）和电压等级的关系。35kV 线路一般为 1～4m；110kV 线路一般为 3～5m；220kV、330kV 线路一般为 3～6m；500kV 线路一般为 3～10m。

（二）舞动的危害

导线舞动造成的危害主要表现在线路跳闸、停电，伤、断导线以及金具、部件受损及倒塔三个方面。

（1）损伤导线。110kV 线路因舞动造成横担扯断、引流导线断线如图 4－1 所示，线路因舞动造成导线断线落地如图 4－2 所示。

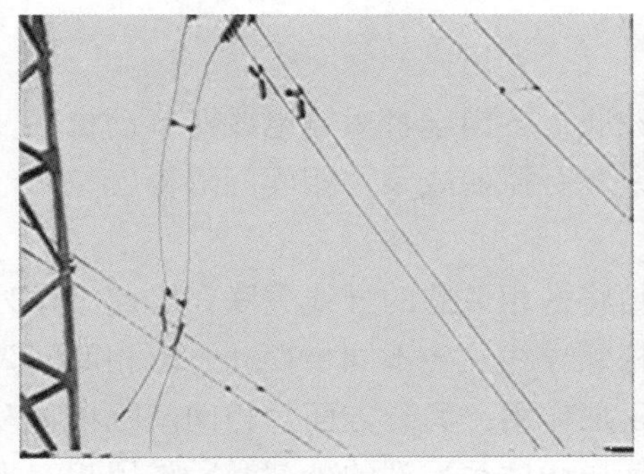

图 4－1　舞动造成横担扯断、引流导线断线

图 4－2　舞动造成导线断线落地

（2）损坏金具。因舞动造成悬垂线夹移位如图 4－3 所示，因舞动造成导线子间隔棒损坏如图 4－4 所示。

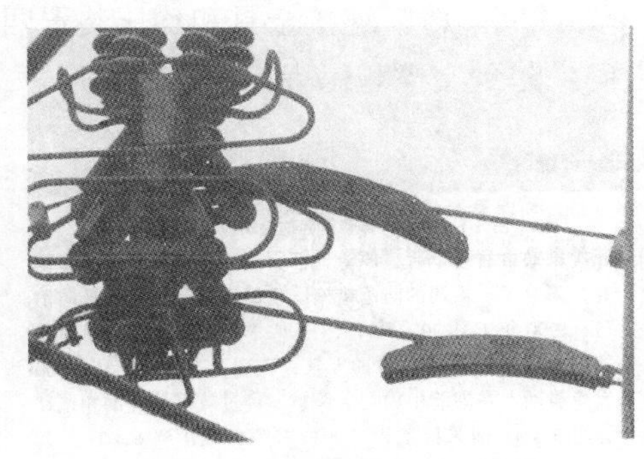

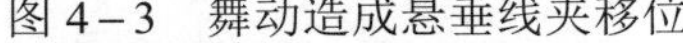

图 4－3　舞动造成悬垂线夹移位

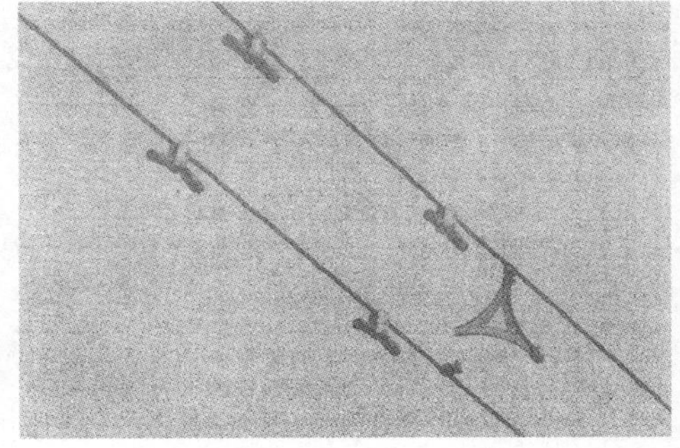

图 4－4　舞动造成导线子间隔棒损坏

（3）损坏杆塔。因舞动造成线路杆塔横担扯断如图 4－5 所示，因舞动造成线路倒塔如图 4－6 所示。

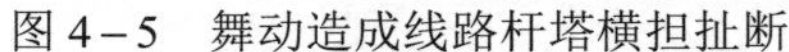

图 4－5　舞动造成线路杆塔横担扯断

图 4－6　舞动造成线路倒塔

二、相间间隔棒结构及防舞机理

舞动对输电线路的安全运行构成严重威胁，各国学者对输电线路舞动机理及防舞措施进行了广泛深入的研究，取得了许多有益的成果，相间间隔棒就是防治导线舞动的有效措施之一。

相间间隔棒防止导线舞动的基本原理是将多相孤立的导线关联在一起，作为一种弹性结构承受拉压载荷：一方面，当相邻导线发生不同步摆动时，相间间隔棒能够阻碍导线的运动，对导线运动起到阻尼作用；另一方面，相间间隔棒将多相孤立导线关联成一个整体的导线体系，使导线体系受到的外部激励作用相互平衡，降低导线的振动幅值，使多相导线的振动趋于同步，相与相之间的间隔保持足够的电气安全距离，从而避免相间闪络的发生。

（一）相间间隔棒结构

相间间隔棒主要由相间复合绝缘子、子导线间隔棒、连接金具和均压装置四部分组成（见图 4－7），安装在两相导线之间，起到支撑和保持相间距的作用。

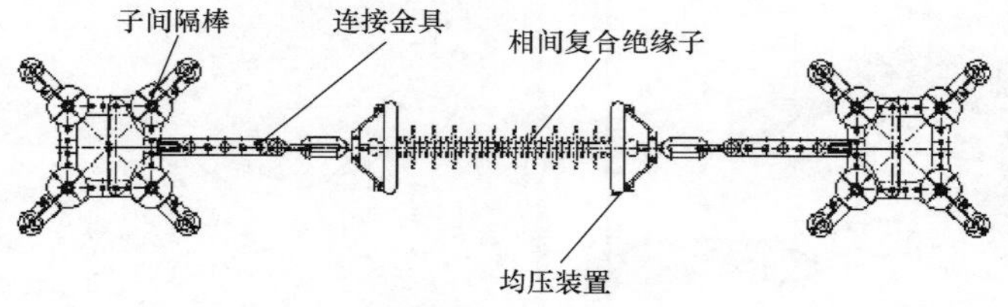

图 4－7　相间间隔棒结构示意图

相间复合绝缘子承受所连两相的拉压载荷，保持两相导线间具有足够的绝缘间隙，外绝缘由硅橡胶来提供，其机械负荷主要由内部的玻璃纤维引拔棒提供，同时涉及金具与玻璃纤维引拔棒的连接，芯棒中的玻璃纤维沿轴向承载方向的顺向排列，使其具有很高的轴向拉伸强度。子导线间隔棒是相间复合绝缘子与分裂导线连接的载体。相间复合绝缘子通过连接金具与子导线间隔棒相连接。

从相间复合绝缘子的结构形式，可将相间间隔棒大体分为整体式相间间隔棒、分段组装式相间间隔棒和柔性相间间隔棒三大类。

（1）整体式相间间隔棒。即传统的相间间隔棒，相间复合绝缘子为整体式，单组相间间隔棒中只包含一根相间复合绝缘子。通常，由于输电线路的相间距离较大，相应需要安装的相间间隔棒的结构长度也要求较大，一般而言，对于常规型线路，需要相间间隔棒的结构长度远大于同电压等级悬式绝缘子的长度，这对于相间间隔棒的生产、运输、安装、维护都造成一定的困难。

（2）分段组装式相间间隔棒。将传统的整体式相间间隔棒结构形式改进为分段组装式结构，改进后可大大减小单支相间间隔棒的结构长度，降低了生产、运输的成本，便于使用，有利于相间间隔棒防舞动技术的大范围推广。分段组合式相间间隔棒，各分段之间采用金具连接。金具的连接方式对分段组合式相间间隔棒整体的机械特性有明显影响。分段式相间间隔棒的机械特性需要待连接金具具体型式确定后，通过理论计算或试验研究的方式确定。初步考虑时，可以简单地做如下定性分析：

1）采用可活动式连接。即相间间隔棒分节处之间的连接处可自由转动。当该结构的相间间隔棒承受拉力时，其机械特性与整体式相间间隔棒无差别；当该结构的相间间隔棒承受压力时，连接处转动，整体呈现弯折形态，可承受的压力很小，可基本忽略。

2）采用固定式连接。即相间间隔棒分节处之间的连接处不可自由转动，相互约束。该结构形式的相间间隔棒，整体承受拉力与压力的机械特性都与整体式相间间隔棒相近，分析时，可按整体式相间间隔棒处理。

（3）柔性相间间隔棒。柔性相间间隔棒是以柔软的强力绝缘材料为承力芯体，以高耐候的氟硅橡胶为伞套材料所制成的相间间隔棒。与刚性相间间隔棒相比，柔性相间间隔棒具有可弯曲、卷绕、扭转和重量轻的特点，承受弯力和扭力时可避免出现棒体损伤、金具损坏等情况。

（二）相间间隔棒防舞机理

舞动的本质是在某种条件下形成的自激振动，因而可以按照一般研究结构振动的方法进行分析。根据目前导线舞动的研究现状，公认的能够比较全面揭示舞动机理和描述规律的模型是所谓“垂直—水平—扭转”的三自由度模型，舞动的三自由度模型解析形式的控制方程为垂直方向：

$$m\frac{\mathrm{d}^2y}{\mathrm{d}t^2}+\left[2m\zeta_y\omega_y+\frac{1}{2}\rho U^2D\left(\frac{\partial C_L}{\partial\theta}+C_D\right)\right]\frac{\mathrm{d}y}{\mathrm{d}t}+K_yy$$
$$=-m_ir\cos\theta_0\frac{\mathrm{d}^2\theta}{\mathrm{d}t^2}+\frac{1}{2}\rho U^2D\frac{\partial C_y}{\partial\theta}\theta-\frac{1}{2}\rho U^2DC_y\frac{1}{U}\frac{\mathrm{d}x}{\mathrm{d}t} \tag{4-1}$$

水平方向：

$$m\frac{\mathrm{d}^2y}{\mathrm{d}t^2}+\left[2m\zeta_x\omega_x+\frac{1}{2}\rho U^2DC_D\frac{1}{U}\right]\frac{\mathrm{d}x}{\mathrm{d}t}+K_xx$$
$$=-m_ir\sin\theta_0\frac{\mathrm{d}^2\theta}{\mathrm{d}t^2}+\frac{1}{2}\rho U^2D\frac{\partial C_D}{\partial\theta}\theta \tag{4-2}$$

扭转方向：

$$I\frac{\mathrm{d}^2\theta}{\mathrm{d}t^2}+\left[2I\zeta_\theta\omega_\theta+\frac{1}{2}\rho U^2D\frac{\partial C_M}{\partial\theta}\frac{R}{U}\right]\frac{\mathrm{d}\theta}{\mathrm{d}t}+\left(K_\theta-\frac{1}{2}\rho U^2D^2\frac{\partial C_M}{\partial\theta}-m_irg\sin\theta_0\right)\theta$$
$$=-m_ir\cos\theta_0\frac{\mathrm{d}^2y}{\mathrm{d}t^2}-m_ir\sin\theta_0\frac{\mathrm{d}^2x}{\mathrm{d}t^2}-\frac{1}{2}\rho U^2D^2C_M\frac{1}{U}\frac{\mathrm{d}x}{\mathrm{d}t} \tag{4-3}$$

式中，m 为质量；m_i 为覆冰质量；t 为时间；I 为转动惯量；x、y、θ 为水平、垂直、扭转（角）位移；ω_x、ω_y、ω_θ 为水平、垂直、扭转方向角频率；ζ_x、ζ_y、ζ_θ 为水平、垂直、扭转方向阻尼比；ρ 为空气密度；v 为风速；D 为覆冰导线直径；C_D 为阻力系数；C_L 为升力系数；C_M 为扭矩系数；K_x、K_y、K_θ 为水平、垂直、扭转刚度系数；θ_0 为初始凝冰角。

显然描述导线舞动的控制方程是三个相互耦合的 2 阶微分方程，对于相间间隔棒对导线的作用以及其防止导线舞动的机理，可简单分析如下：

（1）增大质量项。相间间隔棒质量很轻，安装在架空线路导线上之后，尽管能够增大导线体系的质量项，但影响相对不大，并不是抑制导线舞动的决定因素。

（2）增大阻尼项。相间间隔棒安装在相邻两相导线之间，对相邻导线的运动起到阻尼作用，因而增大了体系的阻尼，抑制导线舞动。

（3）减小激励项。实际情况中，各相导线的覆冰等条件都不可能完全相同，因而空气动力参数各不相同，作用在各相导线上的激励项也不同，导致各相导线的振动幅值相位也各不相同。安装相间间隔棒后，各相导线通过间隔棒的作用关联成一个整体，各相导线上的激励项通过相间间隔棒相互平衡，削弱，使作用在单独一相导线上的激励项减小，从而抑制舞动。

总结起来，相间间隔棒抑制导线舞动的机理在于，增加导线体系的阻尼，同时平衡和削弱作用在各关联导线上的激励作用，从而降低各导线的振动幅值，并且使各相邻导线保持足够的相间间隙。

三、机械载荷分析和防舞设计原则

（一）芯棒直径对抑制导线舞动作用的影响

相间间隔棒防止导线舞动的效果与其机械特性密切相关，而决定相间间隔棒机械特性的最密切的机械参数即是其芯棒直径。下面对相间间隔棒的机械特性与其芯棒直径的关系作详细的研究。

关于整体式相间间隔棒最重要的理论成果是相间间隔棒的大挠度屈曲理论，该理论解决了相间间隔棒承受压荷载时的稳定性问题，也为相间间隔棒在输电线路应用中抗拉压能力提供了理论支持。大量试验和工程应用都证明了该理论的正确性。

但相间间隔棒的大挠度屈曲理论仍存在一些不足之处，该理论建立在较理想化的条件和较简单的受力状态下，如忽略自重的均布载荷，仅考虑端部的力载荷，而未考虑端部的弯矩，此外只能用于受压状态的分析，不能同时拉压状态的分析。主要贡献在于从解析形式上给出了其屈曲受力的描述，然而实际情况与其假设的理想化条件有一定差距，因而其结果只能定性或粗略定量，不能准确定量地反映出相间间隔棒在各种不同复杂受力条件下的状态。因而有必要建立相间间隔棒在复杂受力状况下精确模型。

显然，在复杂受力状况下的受力问题，采用解析形式很难求解，应该采用数值解法。首先，做以下假定：

（1）由于决定相间间隔棒机械特性的主要结构是其芯棒，因而忽略其伞裙护套对机械特性的影响；认为相间间隔棒是均匀圆形截面的细长杆。

（2）相间复合绝缘子所受外力为其两端的荷载（包括力和弯矩），以及沿轴向的分布的载荷（其整体受力如图4－8所示）。

（3）芯棒材料的力学特性各向同性，且应力应变满足线性关系。

1）相间复合绝缘子精确受力模型。在上述假定的基础上，设复合绝缘子原长为L，自重为G。将复合绝缘子分为N个单元段，为了计算方便和模型的简化，采用等分的方式，即各单元段长度为

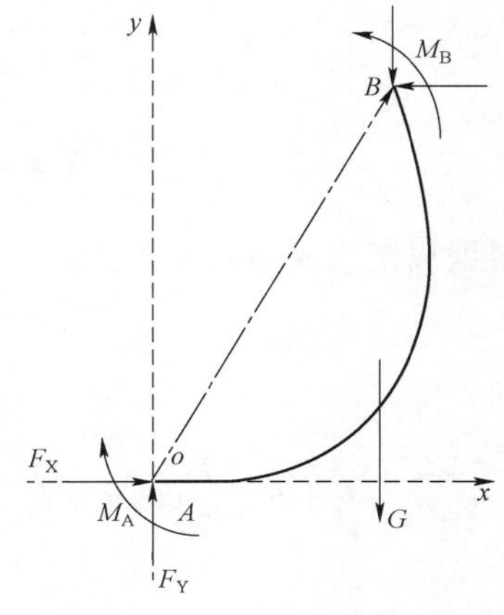

图4－8　相间间隔棒整体受力模型

$$L_i = \Delta L = L / N \text{，}（i=1, 2, \cdots, N） \tag{4-4}$$

同时认为绝缘子截面为圆形，且直径处处相等为 D，则显然截面积 $A=\dfrac{\pi D^2}{4}$，截面形心惯性矩 $I=\dfrac{\pi D^4}{64}$。

各单元段的自重为

$$G_i,（i=1, 2, \cdots, N） \tag{4-5}$$

$$\sum_{i=1}^{N} G_i = G$$

各单元段的弹性模量为 E_i（$i=1，2，\cdots，N$）。（4-6）

相邻单元段连接处的弹性模量为 $E_{i,\,i+1}$（$i=1，2，\cdots，N-1$）。（4-7）

各单元段的位置角为 θ_i（$i=1，2，\cdots，N$）。（4-8）

第 i 单元段的受力如图 4-9 所示。

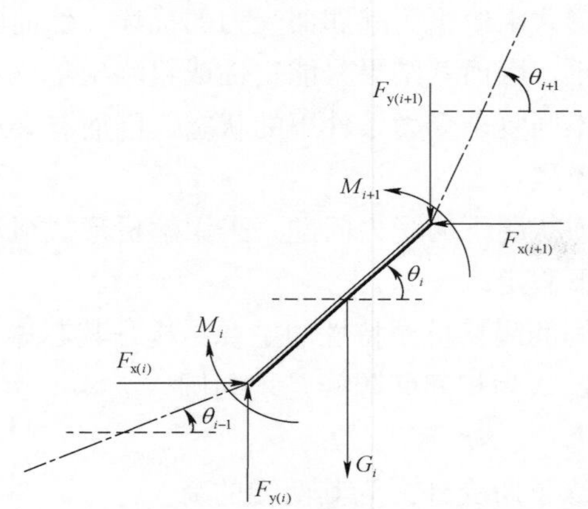

图 4-9　第 i 单元段的局部受力分析

根据局部平衡条件

$$F_{x(i)} = F_{x(i+1)} \tag{4-9}$$

$$F_{y(i)} = F_{y(i+1)} + G_i \tag{4-10}$$

$$M_i + F_{y(i)}\frac{L}{2}\cos\theta_i + F_{y(i+1)}\frac{L}{2}\cos\theta_i = M_{i+1} + F_{x(i)}\frac{L}{2}\sin\theta_i + F_{x(i+1)}\frac{L}{2}\sin\theta_i \tag{4-11}$$

第 i 单元段的平均正应力表示为

$$\sigma_{avg(i)} = -\frac{(F_{x(i)}\cos\theta_i + F_{y(i)}\sin\theta_i) + (F_{x(i+1)}\cos\theta_i + F_{y(i+1)}\sin\theta_i)}{A} \tag{4-12}$$

则第 i 单元段的长度变为

$$L_i' = \left(1 + \frac{\sigma_{avg(i)}}{E_i}\right)\Delta L \tag{4-13}$$

材料力学的基本关系可得

$$M = \frac{EI}{\rho} \tag{4-14}$$

根据基本的几何关系，第 i 单元段与第 i+1 单元段联接处的曲率半径可表示为

$$\rho_{i,i+1} = \frac{\Delta L}{2\sin\left(\frac{\theta_{i+1} - \theta_i}{2}\right)} \tag{4-15}$$

将其代入式（4－14），可得

$$M_{i+1} = \frac{2E_{i,i+1}I}{\Delta L}\sin\left(\frac{\theta_{i+1} - \theta_i}{2}\right),（i = 1, 2, \cdots, N-1） \tag{4-16}$$

此外还有如下边界条件

$$M_1 = M_A，\ M_{N+1} = M_B$$

$$F_{x(1)} = F_X，\ F_{y(1)} = F_Y，\ F_{x(N+1)} = F_X，\ F_{y(N+1)} = F_Y - G \tag{4-17}$$

2）问题的类型和模型的求解。对于上述模型，根据给定量和待求量的不同，可以分为不同的问题类型。对于实际问题，一般相间复合绝缘子两端点的相对位置易于获得，可作为给定量。

在图 4－8 中，绝缘子两端点为 A 和 B，则两端点的相对位置可用向量 $\overrightarrow{AB}$ 来表示，定义为

$$k = \frac{\left|\overrightarrow{AB}\right|}{L},\quad \theta = \arg\overrightarrow{AB} \tag{4-18}$$

则可建立如下方程

$$\sum_{i=1}^{N} L_i'\cos\theta_i = kL\cos\theta \tag{4-19}$$

$$\sum_{i=1}^{N} L_i'\sin\theta_i = kL\sin\theta \tag{4-20}$$

再给定边界条件：M_A（或 θ_1），M_B（或 θ_N），即可求解其他所有变量。具体求解采用 *Newton* 法，迭代计算。

3）状态参数的计算。模型求解之后，可以计算一系列状态参数：各截面的最大拉压应力以及应变，各点位置坐标等。

根据材料力学原理，截面上任意一点的应力为

$$\sigma = \frac{M}{I}x - \frac{P}{A} \tag{4-21}$$

其中，x 为该点距离中性轴的距离；P 为该截面上的合力。

各截面的最大拉、压应力分别为

$$\sigma^{+}_{\max(i)} = \frac{M_i D}{2I} - \frac{P_i}{A}，\ \sigma^{-}_{\max(i)} = \frac{M_i D}{2I} - \frac{P_i}{A}，（i = 1, 2, \cdots, N+1） \tag{4-22}$$

$$\varepsilon^{+}_{\max(i)} = \sigma^{+}_{\max(i)} / E，\ \varepsilon^{-}_{\max(i)} = \sigma^{-}_{\max(i)} / E，（i = 1, 2, \cdots, N+1） \tag{4-23}$$

$$其中\ P_i = \begin{cases} F_{x(1)} \cos\theta_1 + F_{y(1)} \sin\theta_1 & i = 1 \\ F_{x(i)} \cos\left(\dfrac{\theta_{i-1} + \theta_i}{2}\right) + F_{y(i)} \sin\left(\dfrac{\theta_{i-1} - \theta_i}{2}\right) & i = 2, 3, \cdots, N \\ F_{x(N+1)} \cos\theta_{N+1} + F_{y(N+1)} \sin\theta_{N+1} & i = N+1 \end{cases} \tag{4-24}$$

坐标系中，以 A 端为坐标原点（即 $x_1 = 0, y_1 = 0$），则其余各点的坐标计算式为

$$x_i = \sum_{j=1}^{i-1} L'_j \cos\theta_j，\ y_i = \sum_{j=1}^{i-1} L'_j \sin\theta_j（i = 2, 3, \cdots, N+1） \tag{4-25}$$

4）不同芯棒直径的相间间隔棒机械特性计算。结合 220kV 线路防止导线舞动的实例，220kV 常规型线路的相间距离大致为 6～7m，相间间隔棒的结构长度决定于线路的相间距离，此处，为便于统一考虑和比较，将相间间隔棒的结构长度一致取为 7m。在确定相间间隔棒直径时可根据图 4－10～图 4－12 所示关系进行选择。

仿真表明，相间间隔棒抑制舞动的主要作用在于平衡作用在三相导线上的激励作用，并使三相导线运动趋于同步，较细的芯棒直径由于支撑力相对较差，因而同等条件下其轴向位移相对较大，同时在受拉力时，由于冲击作用，其平均拉力也较大，但仍然都在可接受的范围之内，此外对于抑制舞动的作用与较粗芯棒的间隔棒差别不大。同时也可以证明，相间间隔棒抑制导线舞动的过程中，其拉力的作用要远大于压力的作用。所以减小相间间隔棒的芯棒直径，采用分段结构的相间间隔棒，甚至极端地采用绝缘绳来代替相间间隔棒从理论上讲是可行的。

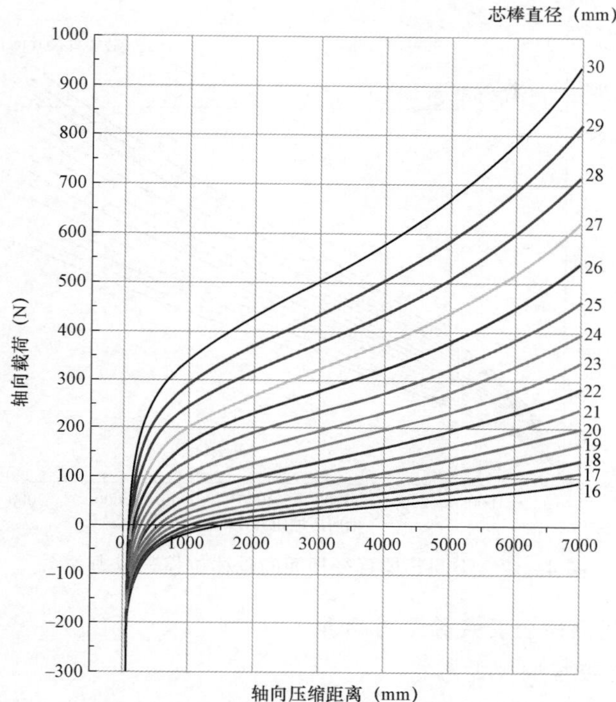

图 4－10 不同芯棒直径相间间隔棒位移—载荷关系

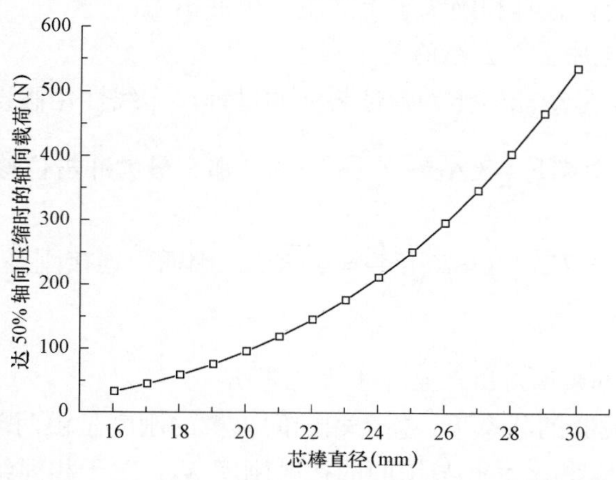

图 4－11 相间间隔棒芯棒直径—50%压缩时载荷关系

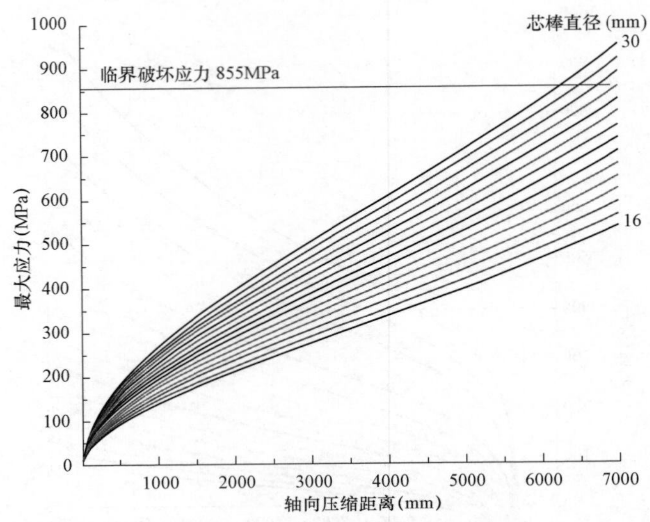

图 4－12　不同芯棒直径相间间隔棒位移—应力关系

（二）相间间隔棒金具疲劳应力估算

1. 金具存在铰接间隙的考虑

由于相间间隔棒金具连接的孔和销之间存在一定的间隙，当各段相间间隔棒处于松弛状态时，相间绝缘子和金具不受力，而在导线拉力的作用下，相间绝缘子拉紧的瞬间，会在金具和绝缘子上产生一个冲击力。

2. 连接刚度与冲击力大小的关系

冲击力的产生是动能转化为弹性势能的过程，作线性化假设，定义连接刚度为 K，根据能量守恒满足 $\frac{1}{2}K\Delta x^2=\frac{1}{2}mv^2=E$，那么最大冲击位移为 $\Delta x_{\max}=\sqrt{\frac{2E}{K}}$，最大冲击力为 $F_{\max}=K\Delta x_{\max}=K\sqrt{\frac{2E}{K}}=\sqrt{2KE}$，因而，连接刚度 K 越大，则最大冲击力也越大。

3. 外部作用力频率对所产生冲击力的影响

相间绝缘子拉紧的状态下，整个相间间隔棒的刚度是由两部分串接而成，即芯棒结构的刚度 K_1 和金具孔与销间的接触刚度 K_2。对于相间绝缘子而言，因为两者材料本身的弹性模量的差别，以及芯棒长度远大于金具长度，因而 K_2 远大于 K_1。

高频条件下（外部作用力频率高于相间间隔棒结构的最高阶固有频率），金具间隙碰撞引起的应力变化首先在金具上产生，此时连接刚度仅由 K_2 产生，因为 K_2 较大，所以产生的冲击力也较大。

低频条件下，芯棒结构的刚度 K_1 和金具孔与销间的接触刚度 K_2 在体系中是串联关系，因而整体的刚度 $K=K_1K_2/(K_1+K_2)$。对于相间绝缘子而言，因为两者材料本身的弹性模量的差别，以及芯棒长度远大于金具长度，因而 K_2 远大于 K_1，则整体刚度 $K\approx K_1$。此时冲击力在绝缘子芯棒和金具上同时作用，因为 K_2 较小，所以产生的冲击力也要远小于高频情况下的冲击力。金具上和芯棒上产生的冲击力相同。

导线运动在舞动条件下的振动频率很低，因而，作用在相间间隔棒上的作用力的频率也很低，因而根据上述分析，此时相间间隔棒连接刚度的取值应按照 $K\approx K_1$ 进行考虑，其产生的动态冲击力也不会太高。

4. 计算中采用的相间间隔棒受力模型

在相间间隔棒防舞动优化计算中采用的受力模型为：当相间距离小于相间间隔棒总的结构长度时，相间间隔棒处于松弛状态，其轴向受力为 0。当相间距离大于相间间隔棒总的结构长度时，相间间隔棒被拉紧，此时考虑其刚度为芯棒产生的连接刚度 K_1。因此，此时计算中所得到的动态拉力是也就是金具上产生的动态作用力。

5. 金具上动态冲击力的取值

根据上述分析和以往计算结果，取 10 000N 作为金具动态冲击力取值。

（三）相间间隔棒防舞设计原则

1. 芯棒直径选择

相间间隔棒的芯棒直径是决定其机械特性的重要参数。芯棒直径越大，其承受压力的能力越强，换言之，也就是被压缩时，能够产生的支撑力越大，因此也越能阻碍相邻导线的相互靠近。但是另一方面，芯棒直径越大，其自重也越大，安装在线路上时将会对导线产生较大集中荷载，增大导线的静态应力和弧垂，不利于线路的安全，这已成为相间间隔棒应用中的一个突出问题。关于相间间隔棒承压能力对其防舞作用影响作用，缺乏文献资料的相应论述，如果承压能力对防舞效果的影响不大，完全有可能将相间间隔芯棒棒直径大为减小，更加轻型化。

2. 排列布置方式

相间间隔棒的排列布置的优化也是相间间隔棒防舞动的一个重要内容。合理的间隔棒布置可以有效抑制各种不同振型和模式的舞动，不合理的间隔棒布置或许对某种舞动模式有效，但在另外的舞动模式下可能完全无效，甚至会增大舞动概率或者使舞动状况加剧。关于相间间隔棒排列布置的优化也缺乏成熟的理论成果，基本也是从现场运行得出的一些实践经验，目前比较广泛认可的相间间隔棒布置原则包括：

（1）越靠近档距中央的位置，导线的刚度越小，越容易发生振动，因此在靠近导线中央的位置应尽可能设置相间间隔棒。

（2）相间间隔棒不应等距分布，而是应该设置成不等距的形式，以避免形成若干固有振动频率相同的子档距，而发生子档距间频率耦合。

（3）高阶舞动的振动幅值远低于低阶振动，因此防舞动中，可只考虑较低阶舞动的防护，高阶舞动可不予考虑，通常情况下，可只考虑 1 阶和 2 阶舞动的防护。

（4）较大档距的情况需要设置较多的相间间隔棒。

3. 设计形式

相间间隔棒在线路设计中需考虑的情况：

（1）考虑下部软连接在最极端的情况时，下部导线翻转上来，上部的绝缘子仍要保持足够的直线距离。

（2）相间间隔棒的爬电比距取值按相对地爬电比距选择值的 1.7 倍考虑。

（3）金具按常规金具考虑时，要求在握线处采用橡胶垫，防止磨伤导线。间隔棒推荐采用加强型抗舞间隔棒，按常规阻尼间隔棒考虑时，要求在握紧导线的线夹处采用厚型橡胶垫，防止线夹磨损导线。

（4）试验考核研制的相间间隔棒必须按新产品型式试验的要求进行电气、机械、密封、老化试验。

（5）相间间隔棒的芯棒直径及其抗拉、抗压强度应进行计算校核。

（6）相间间隔棒的挂点应根据导线档距进行计算选定。

四、工程应用实例

利用相间间隔棒防止导线舞动在国内外都有着广泛的应用，也拥有大量的成功的现场实例和运行经验。

（一）整体式相间间隔棒应用实例

整体式相间间隔棒国外应用实例见图 4－13～图 4－21。

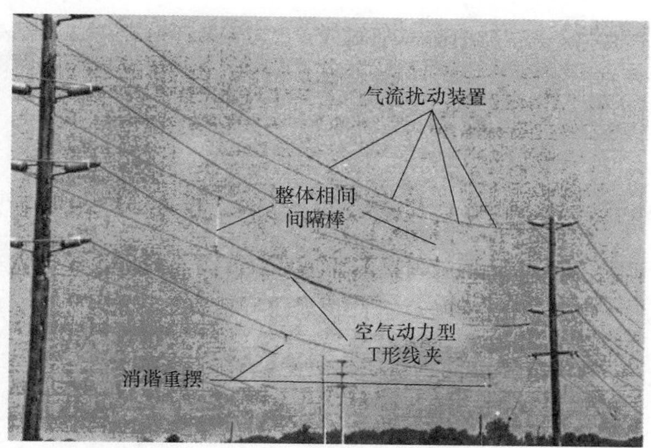

图 4－13　配电线路上各种防舞动措施对比

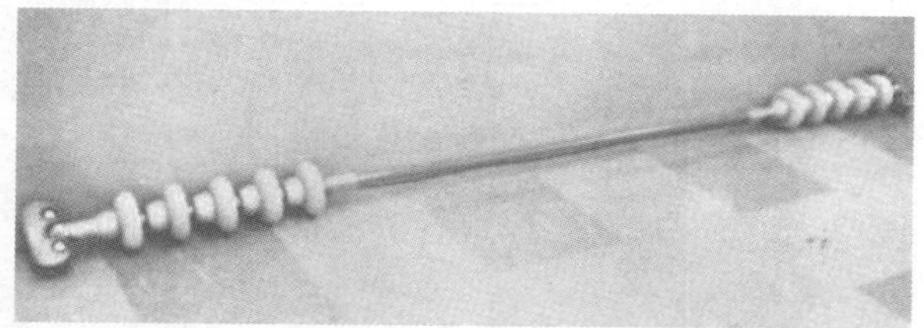

图 4－14　刚性瓷质绝缘相间间隔棒（铝管连接、金属线夹）

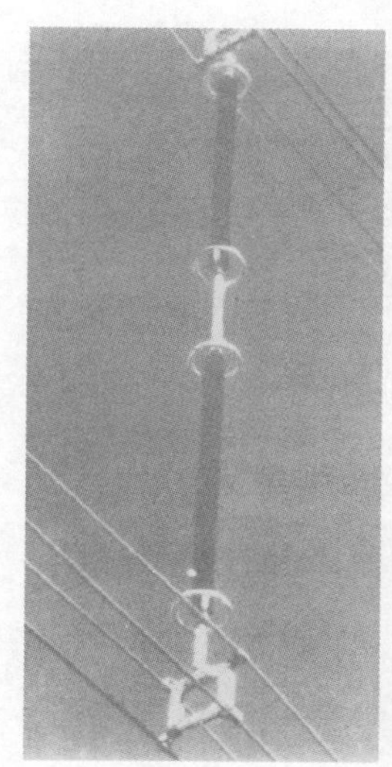

图 4－15　四分裂线路上使用的整体式瓷质绝缘相间间隔棒（铝管连接、采用常规四分裂导线线夹）

图 4－16　115kV 线路上采用的整体式复合绝缘相间间隔棒

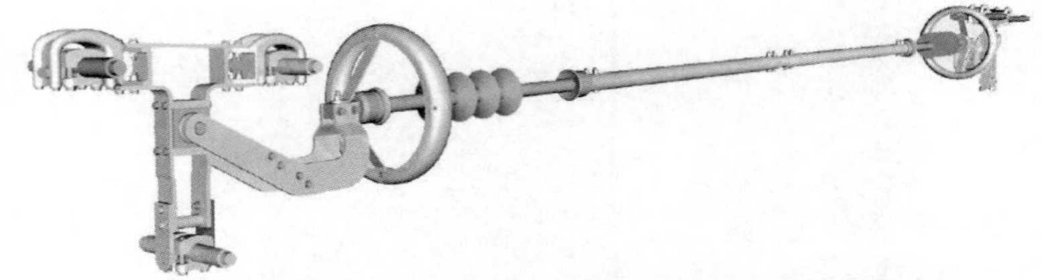

图 4－17　德国某公司的整体式复合绝缘相间间隔棒

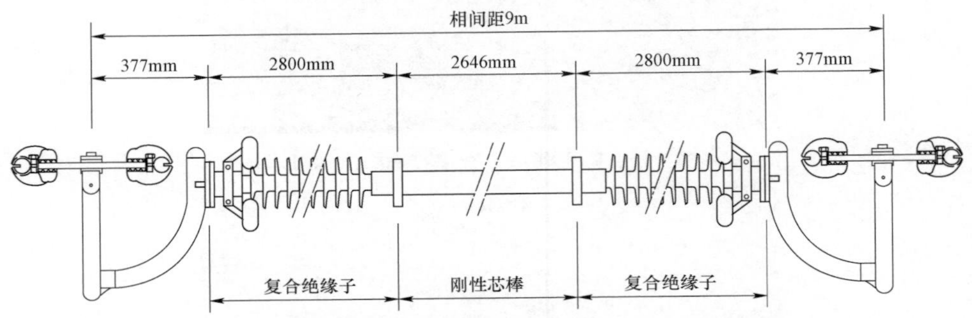

图 4－18　挪威北部水平线路运行的整体式相间间隔棒

图 4－19　德国三角形排列线路上运行的相间间隔棒

图 4－20　220kV 水平排列线路上使用的整体式相间间隔棒

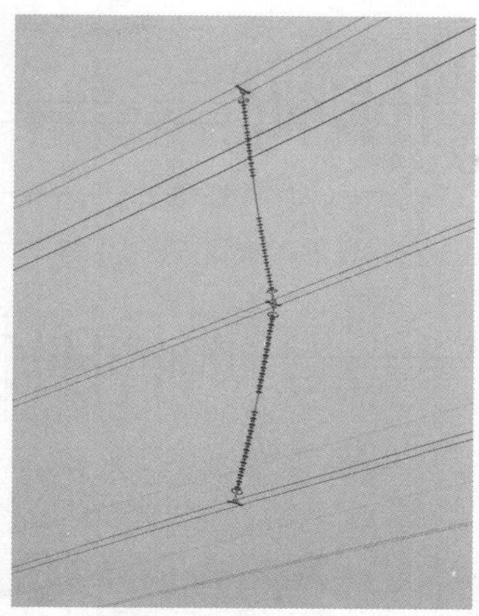

图 4－21　220kV 垂直排列线路上使用的整体式相间间隔棒

（二）分段组装式相间间隔棒应用实例

分段组装式相间间隔棒应用实例见图 4－22～图 4－28。

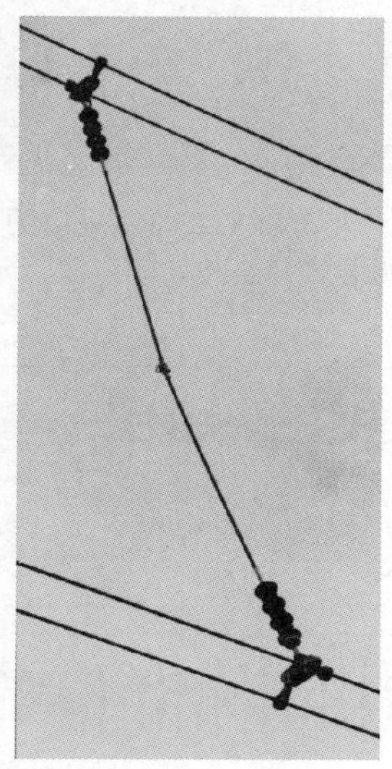

图 4－22　加拿大 230kV 双分裂导线用分段组装式相间间隔棒

图 4－23　230kV 同塔双回线路上分段组装式相间间隔棒（左）与失谐摆（右）防舞效果对比

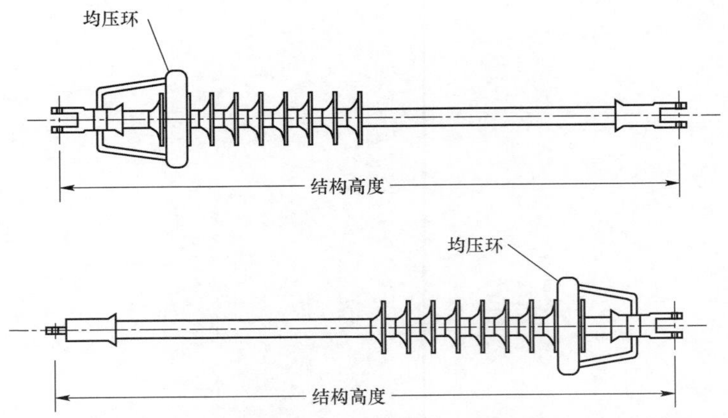

图 4－24　加拿大 230kV 线路上采用的分段组装式复合绝缘相间间隔棒部件图

图 4－25　河南省 220kV 线路上运行的分段组装式复合相间间隔棒

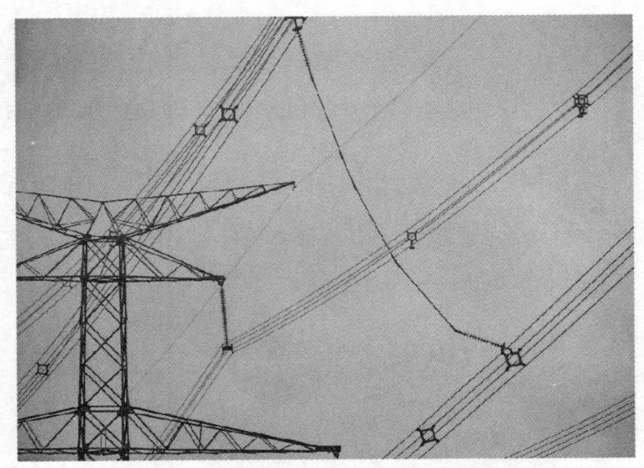

图 4－26　加拿大 500kV 线路上采用的长的分段组装式复合相间间隔棒

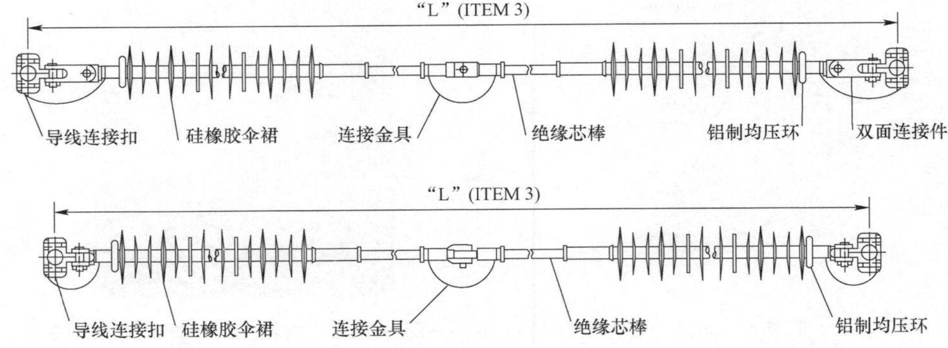

图 4－27　加拿大某绝缘子公司生产的分段组装式复合相间间隔棒

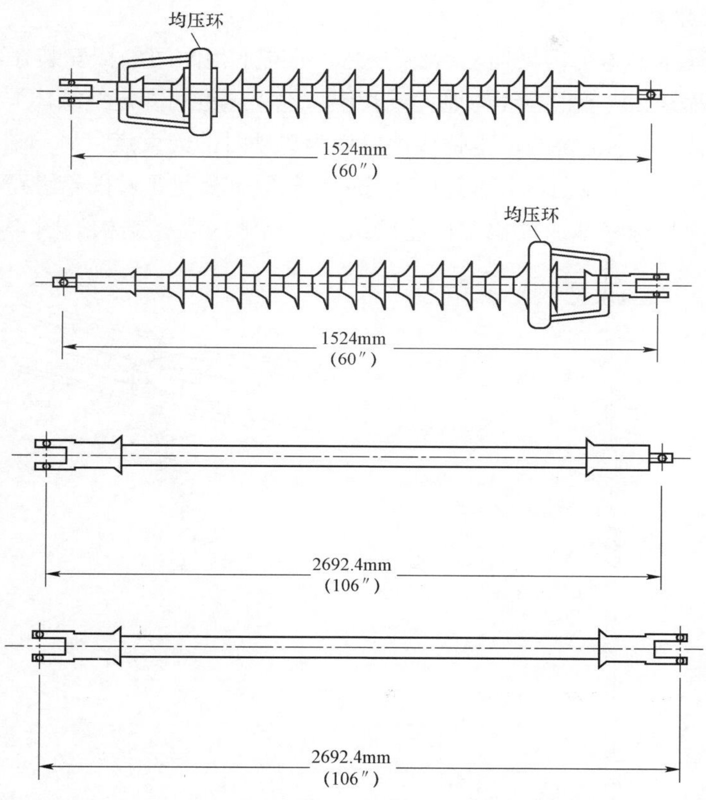

图 4-28 500kV 线路上采用的分段组装式复合相间间隔棒部件图

第二节 相地间隔棒

一、相地间隔棒介绍

相地间隔棒的一端以大地作为约束点，另一端连接于输电线路某相导线上，通过施加一定预紧力，将舞动幅值最大处强制平波，起到限位式防舞的作用。研究表明，短档距的扭振固有频率和横向固有频率比长档距高，不易在低频带发生耦合谐振。因此，可通过缩短档距来防治舞动，一定预紧力条件下的相地间隔棒相当于把长档距线路分割成若干短档距线路，从而降低舞动发生概率。

二、相地间隔棒的结构形式

（一）主体结构

相地间隔棒主体结构采用复合绝缘子。不同于相间间隔棒安装在两相导线之间，相地间隔棒安装于相导线与地（或其他与地等电位的固定绝缘体）之间，即相地间隔棒一端通过水泥浇筑的地锚接地以作为舞动时的约束点，另一端通过子导线间隔棒安装在分裂导线上。考虑到接地长度较长且需满足足够的绝缘距离，可采用部分主体结构与绝缘绳或其他柔性连接组成。相地间隔棒结构如图 4－29 所示。

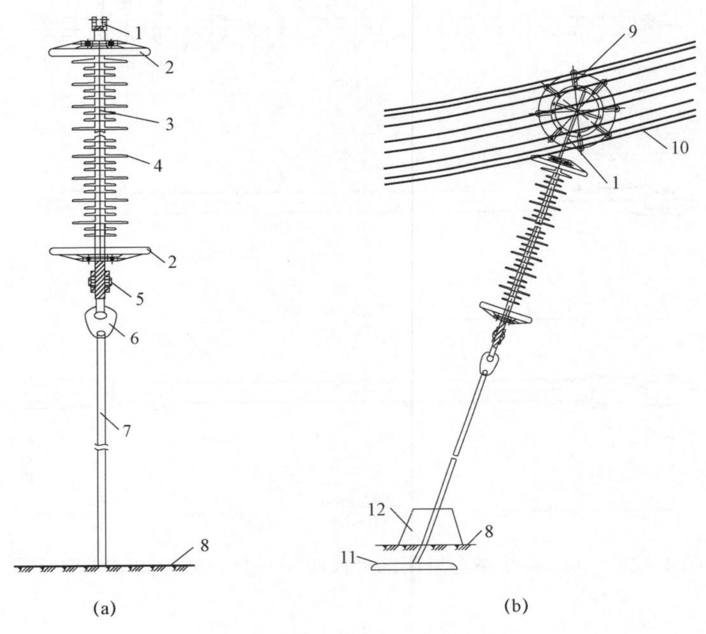

图 4－29　相地间隔棒

（a）直拉式；（b）斜拉式

1—高压端金具；2—均压环；3—棒体；4—伞裙；5—防蛇装置；6—调节板；7—拉线；8—大地；9—子间隔棒；10—导线；11—地锚；12—入地保护桩

相地间隔棒棒体低压端连接有防蛇装置，以阻止蛇沿芯棒向上攀爬，引起线路放电跳闸。在防蛇装置下端安装有调节板，调节板两侧连接有拉线，通过地锚固定在地面上。通过调节板可调节拉线的长度，从而改变和调节相地间隔棒的对地距离，其中拉线和调节板均为特殊的高强度防盗割材料。

（二）专用连接金具

相地间隔棒为一种新型防舞装置，与线路的连接缺少专用的连接金具，若直接连接于子间隔棒，会使子间隔棒在扭转力、冲击力作用下大量损坏，为使力的分布更为均匀，提高子间隔棒的使用寿命，设计了专用连接金具，如图 4-30 所示。

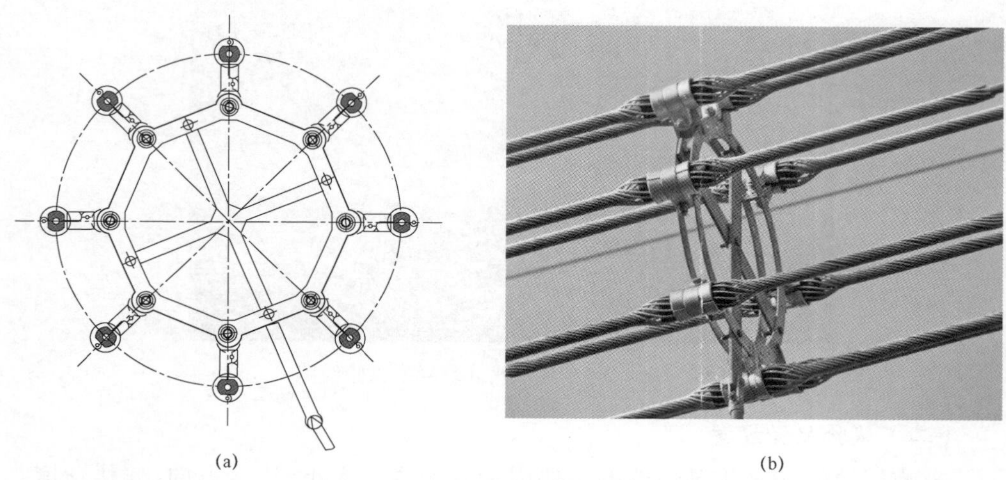

(a)　　(b)

图 4-30　相地间隔棒专用连接金具

（a）结构图；（b）安装实物图

相地间隔棒用八分裂子导线间隔棒是基于传统子间隔棒改进而成，本体框架呈正八边形，八个角各有一个线夹用以握紧子导线，其优化之处在于在本体框架上增加一个十字支架，十字架竖杆的下端设计为可连接的球窝以连接相地间隔棒。改进优化后可使子间隔棒所受相地间隔棒拉力均匀，避免线夹折断、框架受损等故障。

三、防舞性能试验评估

（一）特高压八分裂真型试验线路

输电线路舞动防治技术实验室是国家电网公司重点实验室，为我国首个可以研究覆冰舞动的综合性试验基地。试验线路处于典型的微气候区，具有得天独厚的风力资源，所在地区的主导风向为南西南风，与线路夹角大于 60°，试验线路全年有三分之一时间可以起舞。试验基地试验线路以 D 形冰模拟自然覆冰，利用自然风作为激励，实现特高压八分裂真型试验线路的长时间、大幅值舞动。

真型试验是验证防舞装置有效性最直接、有效的手段。相地间隔棒的防舞有效性验证和评价在 2～3 号试验线路段开展（见图 4-31），南北两相真型八分裂试验线路完全按照特高压输电线路建设标准架设。

图 4－31　2～3 号档八分裂真型试验线路

（二）试验配置方案

影响相地间隔棒防舞性能的主要因素有预紧力大小、连接方向、连接角度、地锚位置等。预紧力指相地间隔棒作用在线路与大地间所承受的拉力，试验过程中，预紧力调整方式采取循序渐进、由小增大的方式。连接方向是指相地间隔棒对线路施加拉力的方向与风向之间的夹角，分逆风向和顺风向两种：夹角大于 90° 时为逆风向，夹角小于 90° 时为顺风向。连接角度指相地间隔棒对线路施加拉力的方向与水平面之间的夹角，一般在 45°～90° 之间。地锚位置即相地间隔棒接地端固定在地上的位置，因地锚一旦施工无法移动，且地锚本身施工量大，所以无法做多点试验，可参照 Q/GDW 1829—2012《架空输电线路防舞设计规范》中相间间隔棒布置方案，在 2/9、1/2 和 7/9 三处安装相地间隔棒。试验配置方案见表 4－1。

表 4－1　　试 验 配 置 方 案

影 响 因 素	范　围
预紧力	3～8kN
连接方向	南相：顺风向；北相：逆风向
连接角度	60°
安装位置	2/9、1/2 和 7/9

（三）防舞效果分析

1. 无防舞措施下的八分裂舞动试验

特高压八分裂试验线路的舞动特点：

（1）舞动幅值大，南、北两相八分裂线路舞动幅值（峰—峰值）大于 10m；

（2）舞动能量集中，南、北两相线路舞动同步，频率低至 0.3Hz，舞动阶次以 1 阶为主；

（3）舞动持续时间长，整个大幅值舞动过程持续 12h。

尽管在线路建设初期已经进行了充分的计算，八分裂线路在第一次发现舞动后期，在没有安装任何防舞装置下发生了舞动断串掉线。

2. 安装后宏观统计结果及分析

在 2～3 号档试验线路的 2/9、1/2 和 7/9 三处安装相地间隔棒，对相地间隔棒的防舞有效性开展试验评价。2014 年 7 月 21 日至 2015 年 3 月 31 日期间，南相导线共计舞动 14 次，总时长 127.3h，舞动天数占试验天数的 7.62%；北相导线共计舞动 16 次，总时长 108.25h，舞动天数占试验天数的 7.09%，统计见表 4－2。

表 4－2　舞动事件统计情况

相别	次数（次）	时间（h）	比例（%）	是否掉线
南相导线	14	127.30	7.62	否
北相导线	16	108.25	7.09	否

安装相地间隔棒后，两相八分裂导线再无发生断串掉线事件；南相导线舞动发生频率降低为 7.62%，北相为 7.09%，远小于真型试验线路的舞动统计频率（约为 30%），说明了相地间隔棒对特高压八分裂输电线路防舞效果明显。

3. Weibull 分布分析

Weibull 分布是随机变量分布的一种，其特点是灵活性大、适应性强、积分形式简单，Weibull 分布在可靠性分析和寿命检验领域得到了广泛的应用。由于它可以利用概率值比较方便地推断出它的分布参数，因而被广泛地应用于寿命试验的数据处理当中。

2015 年 1 月 19 日，2～3 号档南相八分裂导线发生舞动，舞动分为两个完整的舞动段，分别是 08:00—13:00、16:30—22:00。舞动发生前相地间隔棒预紧力均为 5kN，11:30 左右 1/2 和 7/9 处南相相地间隔棒因舞动断裂，掉落的相地间隔棒砸断了信号线，造成 3 处相地间隔棒拉力传感器无法反馈信号。利用 2 号杆塔、3 号杆塔的绝缘子张力数据进行分析，评估相地间隔棒对舞动的抑制作用。

2～3 号档线路走向为东西走向，两端挂点采用双绝缘子串平行悬挂，其中 2 号塔为直线塔，3 号塔为耐张塔。2 号塔绝缘子南相东串张力波形如图 4－32 所示，“绝缘子—南东”表示南相导线东侧绝缘子串处的张力，箭头标识处为相地间隔棒掉落时刻。从图 4－32 中张力数据可以看出，相地间隔棒掉落后，由于舞动能量瞬间释放，同时线路失去了相地间隔棒的约束，绝缘子动张力显著持续增大，说明相地间隔棒对舞动有明显的抑制作用。

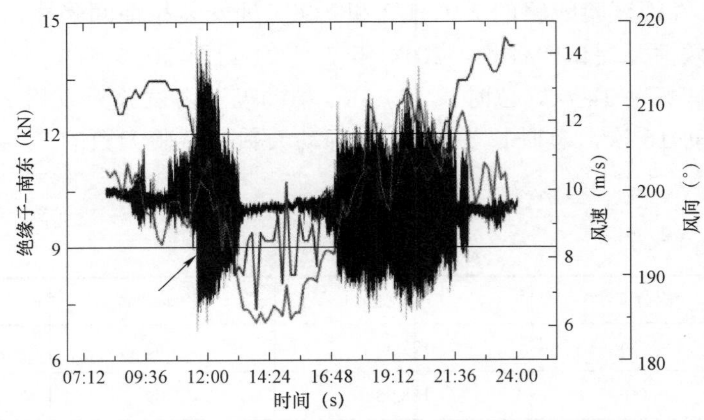

图 4－32　2 号绝缘子南相东串张力数据图

对所选舞动区间的动张力数据进行统计分析，选取本次舞动事件中相地间隔棒掉落前后两个时间段进行对比，这两个时间段舞动平稳，且风速接近情况下风速最大，有利于相地间隔棒的防舞性能评估分析。其中，09:00—11:00 为安装相地间隔棒工况，17:00—19:00 为不安装相地间隔棒的工况（11:30 左右相地间隔棒掉落），见表 4－3。

表 4－3　　　　3 号绝缘子——南相南串张力统计参数

时间	均值	方差	最大值	最小值
09:00－11:00	12.932	0.404	15.210	10.593
17:00－19:00	12.810	1.299	17.219	9.201

根据上述拟合结果，计算 Weibull 分布的模数 m 和拟合确定性系数 R^2，计算结果如表 4－4 所示。

表 4－4　　防舞装置有效性评估参数

时间	尺度参数	确定性系数 R^2	Weibull 模数 m
09:00－11:00	1/0.616	0.994	5.196
17:00－19:00	1/0.272	0.996	2.640

对所选时间内张力数据进行 Weibull 拟合，拟合曲线的 R^2 接近于 1，拟合度好，可以采用 Weibull 拟合对数据作统计分析。

在气象条件相近的情况下：① 无相地间隔棒时，张力分布标准差为 1.299，有相地间隔棒时为 0.404，表明无相地间隔棒时张力的起伏变化很大，绝缘子所受的冲击力较大；② 有相地间隔棒时，张力最大值小于无相地间隔棒情况，最小值大于无相地间隔棒情况，进一步验证了前述结论；③ 安装相地间隔棒的舞动段（09:00—11:00）Weibull 模数为 5.196，远优于不安装相地间隔棒舞动段（17:00－19:00）Weibull 模数 2.640，可靠性提升了 96.82%，表明安装相地间隔棒能够有效减小线路舞动对绝缘子的破坏损伤程度。

总之，Weibull 分布分析表明，相地间隔棒的安装能够有效减少线路舞动对绝缘子的冲击和疲劳损伤。

四、工程应用实例

紧凑型线路较常规线路分裂数多、相间距离小，在运行过程中更易受到覆冰舞动的影响，从 2000～2012 年的输电线路统计数据看，尽管投入运行的紧凑型线路长度和年限都远低于常规线路，但其发生舞动事故的线路条次数和起数分别占到了舞动事故线路总条次数和起数的 9.9%、16.7%。

相间间隔棒是目前防治紧凑型输电线路非同期摇摆和覆冰舞动最有效的手段。相间间隔棒把输电线路一个档距分成几个档距，通过减小档距来抑制振动的发生，同时，相间间隔棒还能传递不同相导线振动的能量，使不同相间的振动相互影响，从而抑制导线振动。相地间隔棒可有效降低舞动幅值、发生频率及对绝缘子的冲击和疲劳损伤，并且相比相间间隔棒，相地间隔棒对抑制线路同期舞动效果更为明显。

把相地与相间间隔棒结合起来，通过一定的布置方式，形成组合式防舞措施，可取得极好的防舞效果。同样的，对于同塔多回输电线路，为更好地防治舞动，可在不同相间应用相间间隔棒，同时在下相与大地间应用相地间隔棒，并注意两种防舞动间隔棒之间的配合以取得最优的防舞效果。

紧凑型输电线路组合防舞工程应用见图4－33。

图4－33　组合防舞动在紧凑型输电线路中的工程应用

第三节　防风偏绝缘拉索

一、输电线路风偏闪络及特点

输电线路风偏闪络是导线在风力的作用下发生偏离，导致其对杆塔绝缘距离不够，发生闪络放电的现象。由于风偏闪络具有闪络后重合闸不易成功的特点，因此一旦发生风偏闪络事故，将造成大面积停电，严重影响电力系统的供电可靠性。据不完全统计，2005～2014年全国110（66）kV及以上输电线路仅风偏闪络造成的线路跳闸就达851条次，故障停运422条次。例如2011年6月9日1000kV南荆Ⅰ线跳闸，巡视人员登塔检查发现1000kV南荆Ⅰ线114号A相导线及对应塔身上有放电痕迹，故障原因为导线及绝缘子串在大风作用下向塔身侧倾斜（即风偏），造成导线与塔身最小空气间隙不能满足运行要求而引起的空气击穿，从而造成线路跳闸。具体情况见图4－34。

(a)

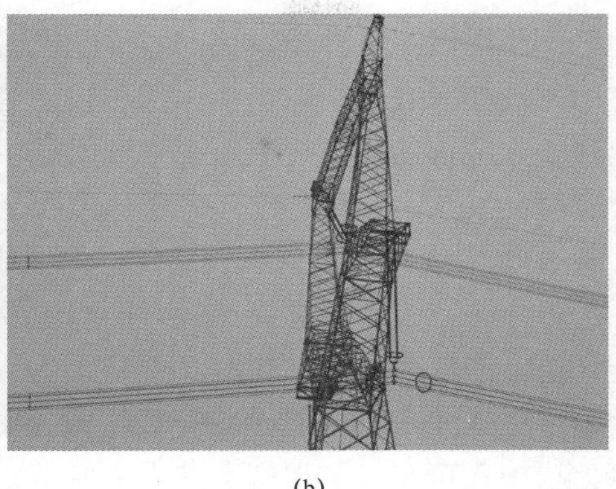
(b)

图 4－34　输电线路风偏闪络事故照片

（a）塔材闪络痕迹；（b）闪络位置远景照片

统计表明，输电线路风偏闪络具有涉及范围广、发生次数多、影响恶劣等特点。发生风偏闪络的线路有单、双回线路，塔型有耐张、直线塔，其中耐张塔主要是跳线对杆塔构架放电，直线塔主要是导线或金具对塔臂放电。

输电线路风偏闪络具有以下规律和特点：

（1）风偏闪络多发生在恶劣气候条件下。通过对历年来各地区输电线路风偏跳闸事故调查分析来看，当线路发生风偏跳闸时，该区域均有强风出现，且大多数情况下还伴有大暴雨或冰雹，并出现中小尺度局部强对流天气，导致强风（也称飑线风）的形成。在强风作用下，导线向塔身出现一定的位移和偏转，使得空气放电间隙减小；另一方面，降雨或冰雹降低了导线与杆塔间隙的工频放电电压，从而造成线路发生风偏跳闸。例如，2004 年河南 500kV 线路发生的 4 次风偏跳闸都出现了飑线风、大雨和冰雹等恶劣天气。

（2）风偏闪络的放电路径。从放电路径来看，主要有三种形式：导线对杆塔构件放电、导线相间放电和导线对周边物体放电。导线对杆塔构件放电不论是直线塔还是耐张塔，一般在间隙圆对应的杆塔构件上均有明显的放电痕迹，且主放电点多在脚钉、角钢端部等突出位置。导线相间放电多发生在地形特殊且档距较大（一般大于 500m）的情况下，此时导线放电痕迹较长，由于距地面较高，不宜发现。导线对周边物体放电时，导线上放电痕迹可超过 1m 长，对应的周边物体上可能会有明显的黑色烧焦放电痕迹。例如，2004 年 220kV 新杭Ⅰ线由于大风引起导线偏移与邻近树木放电，导线放电点与树木烧伤痕迹相吻合。

（3）风偏闪络发生时重合闸成功率低。由于风偏跳闸是在强风天气或微地形地区产生飑线风条件下发生的，这些风的持续时间往往超出重合闸动作时间段，重合闸动作时放电间隙仍然保持着较小的距离；同时，重合闸动作时，系统中将出现一定幅值的操作过电压，导致间隙再次放电，并且第二次放电在较大的间隙就有可能发生，因此，线路发生风偏跳闸时，重合闸成功率较低。统计表明，大多数 500kV 线路发生的风偏跳闸，都造成了线路非计划停运。

近年来，设计研究人员针对电网中发生的风偏事故提出了一系列的防风偏措施，如将单联绝缘子串改为双联 V 形绝缘子串（见图 4－35）、在绝缘子串下加挂重锤（见图 4－36），甚至将直线塔改为耐张塔等措施。从技术层面的角度来看，以上措施均可在一定程度上减小风偏带来的危害，但悬垂绝缘子改 V 形串、直线塔改耐张塔等方案具有施工难度大、花费高昂且具体操作时还需断电的缺点。对转角塔跳线体系的抗风偏措施，安装防振重锤是减小风偏量值的重要方法，而且重锤的质量越大抗风偏效果越好，但是对输电线路来说重锤本身也是外荷载，一味地增加重锤数量反而会增大输电塔各构件的内力。

图 4－35　悬垂绝缘子 I 串改 V 串

图 4－36　绝缘子串下加挂重锤

二、防风偏绝缘拉索结构及防风偏原理

针对以往防风偏措施所存在的问题，同时基于在大风情况下，将导线和铁塔的风偏角限制在一定范围内的思路，提出了防风偏绝缘拉索（见图 4－37），可以有效减少线路风偏带来的不必要的跳闸停电，减少经济损失，提高输电线路安全运行水平。

（一）防风偏原理

防风偏绝缘拉索是由绝缘拉索和相关金具串联而成，能够将风偏角限制在一定范围内的防风偏闪络装置。它安装在塔身上，当导线在大风作用下偏向杆塔时，被绝缘拉索阻挡，从而保证导线和塔身之间满足安全距离要求。

图 4－37　防风偏绝缘拉索

（二）结构型式

（1）防风偏刚性绝缘拉索。包括棒体，棒体两端分别连接有端部金具，棒体包括位于内部的芯棒和位于芯棒外部的伞裙，伞裙为硅橡胶复合材料，芯棒为环氧树脂玻璃纤维引拔棒，其结构如图 4－38（a）所示。

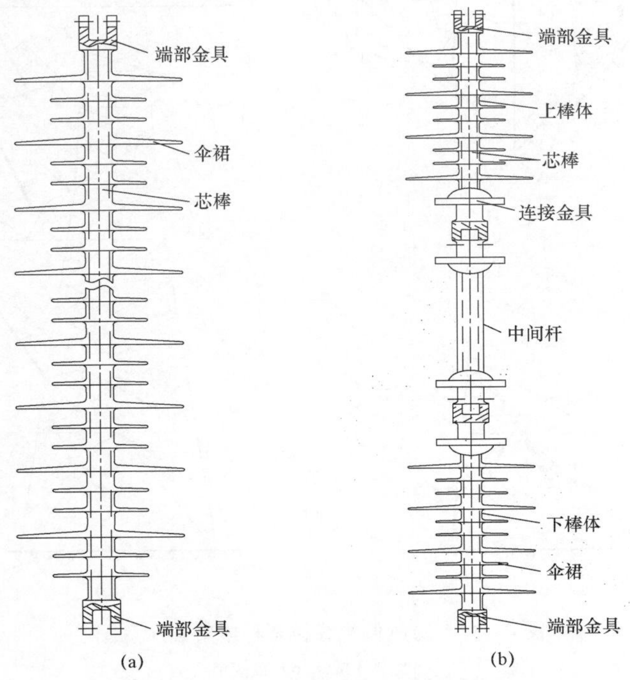

图 4－38　防风偏绝缘拉索结构示意图
（a）刚性绝缘拉索；（b）分节组合式绝缘拉索

（2）防风偏柔性绝缘拉索。包括棒体，棒体两端分别连接有端部金具，棒体包括位于内部的芯棒和位于芯棒外部的伞裙，伞裙为硅橡胶复合材料，芯棒为高强度承力的锦纶材料。

（3）分节组合式防风偏绝缘拉索。包括高压端金具、上棒体、下棒体、中间杆，上棒体的上端和下棒体的下端各连接有一个端部金具，上棒体、下棒体之间通过中间杆连接，上棒体、下棒体均包括芯棒和位于芯棒外侧的伞裙，芯棒为环氧树脂玻璃钢引拔棒，伞裙为硅橡胶复合伞裙，其结构如图 4－38（b）所示。

（三）安装方式

防风偏绝缘拉索由绝缘拉索和相关金具连接而成。操作方便，只需在塔身上打孔，安装常用配套连接金具即可。其杆塔安装示意图如图 4－39 所示。安装原则是：

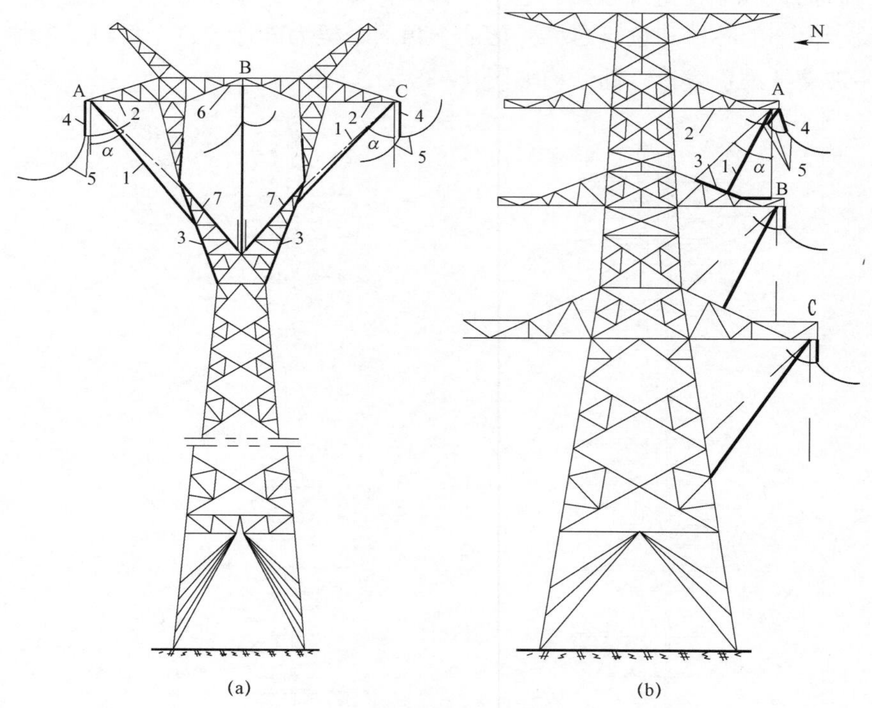

图 4－39　防风偏绝缘拉索杆塔安装示意图

（a）酒杯塔；（b）直线塔

1—防风偏绝缘拉索；2—横担；3—侧向塔身面；4—绝缘子串；5—导线；6—中横担；7—塔窗面

（1）单回路段直线塔边相加装斜拉阻拦式防风偏绝缘拉索，中相加装下拉式防风偏绝缘拉索；

（2）双回路直线塔上、下相加装斜拉阻拦式防风偏绝缘拉索；

（3）转角塔跳线串采用垂直固定式防风偏绝缘子。

三、工程应用实例

防风偏绝缘拉索目前已应用在河南电网500千伏阳东Ⅰ线、阳东Ⅲ线、邵周Ⅰ线、塔仓线四条线路防风偏线路改造中，如图4－40所示。

(a)

(b)

图4－40　500kV阳东线安装防风偏绝缘拉索现场照片

（a）500kV阳东Ⅰ线371号全塔；（b）500kV阳东Ⅲ线306号全塔

第四节　硬质复合绝缘子

复合绝缘子因其良好的电气、机械性能，在输电线路中广泛使用。随着环境条件的日益改善，鸟啄复合绝缘子导致线路故障问题突出，例如特高压交流试验示范工程巡检时发现500多支复合绝缘子存在被鸟啄食的痕迹。

目前多采取的复合绝缘子防鸟啄措施，包括改变复合绝缘子的伞套颜色、通过添加具有一定气味的填料使绝缘子散发鸟类不适应的特殊气味、改变绝缘子的伞形结构和均压环设计使鸟类不能站立等，使鸟类远离线路绝缘子，然而效果一般。硬质复合绝缘子，由于其伞裙和护套为硬质材料，可抵御一定强度的鸟类啄食，可有效解决复合绝缘子被鸟啄食的问题。

一、复合绝缘子鸟啄及特点

鸟啄引起输电线路故障，是伴随着复合绝缘子的广泛使用而出现的。传统的瓷和玻璃绝缘子没有发生过鸟类啄食而导致绝缘出现问题的案例，其原因为电瓷、玻璃材质较硬，即使出现鸟类啄食，也不易在表面留下痕迹，更不会引起损伤。通常所见的由于鸟啄而引发的复合绝缘子损伤包括两种类型：伞裙撕裂与护套磨损。

二、硬质复合绝缘子结构及特性

硬质复合绝缘子指至少由两种绝缘部件，即芯棒和伞套制成，且伞及伞套材料具备非柔性特性，并装有端部装配件的绝缘子。根据伞裙护套材料，硬质复合绝缘子可分为脂环族环氧树脂复合绝缘子、聚烯烃复合绝缘子等。河南濮阳地区挂网使用的硬质复合绝缘子见图 4－41。

图 4－41　河南濮阳地区挂网使用的硬质复合绝缘子

（一）脂环族环氧树脂材料特性

脂环族环氧树脂的化学结构是饱和脂环，不含苯核，具有良好的抗紫外线能力和耐候性能。脂环族环氧树脂固化物交联度高，具有很好的耐高温特性，可耐热 190℃以上，热分解温度 360℃以上，适用于户外使用。它同时具有耐电弧性，耐漏电痕迹性等优良电气特性。相比瓷绝缘子，脂环族环氧树脂复合绝缘子有如下优点：制造工艺简单、设计灵活性高、绝缘体韧性好、重量较轻、抗电弧能力强、抗热冲击能力强、憎水性能好、维护次数少。

（二）硬质复合绝缘子的特性

（1）强度高且重量轻。不同于传统的瓷绝缘子和玻璃绝缘子，脂环族环氧树脂硬质复合绝缘子不仅强度高（见图4－42），重量也比较轻。这是由于脂环族环氧树脂硬质复合绝缘子中的玻璃钢芯拔棒的性能优异，玻璃钢芯拔棒的拉伸强度可以达到1000MPa以上，但其密度只有2g/cm^3。由于脂环族环氧树脂硬质复合绝缘子的整体体积小，且制作材料多为新型材料，保证了其重量仅为同电压等级的瓷绝缘子的1/9～1/6。

图4－42　可踩踏的硬质复合绝缘子

（2）抗湿、污力强。脂环族环氧树脂硬质复合绝缘子的伞裙是有机复合材料制成，因此具备良好的耐污效果。脂环族环氧树脂硬质复合绝缘子的伞裙是由憎水性脂环族环氧化合物制成，因此具备很好的憎水性。水会在伞盘的表面形成水珠，并不会渗入到绝缘子的内部，防止放电通路的形成。在极端的环境中，脂环族环氧树脂硬质复合绝缘子的憎水性虽然会受到影响而丧失，但其等效直径并不会变粗，如此保证了绝缘子在任何情况下都能够保持一个较高的抗污能力，不再需要定期地进行清洁。

（3）不易破碎、运送方便。脂环族环氧树脂硬质复合绝缘子的芯棒是采用环氧玻璃纤维制作而成，因此具备很高的抗拉强度，同时芯棒具有良好的绝缘性、减振性、抗蠕变性和抗疲劳断裂性，这就大大提升了脂环族环氧树脂硬质复合绝缘子不易碎的优势，同时脂环族环氧树脂伞裙具有很高的机械强度，这些特点都使得脂环族环氧树脂硬质复合绝缘子在运输过程中不易出现意外损坏，降低了运输成本。

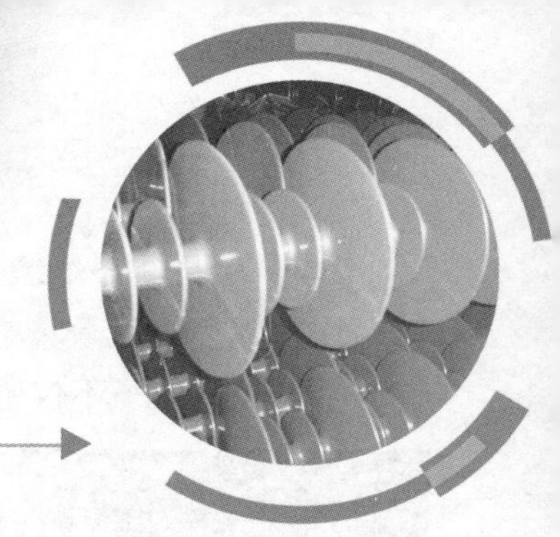

第五章

复合绝缘子性能检测及评价

随着复合绝缘子制造装备、工艺水平的提高，以及设计和运行经验的积累，复合绝缘子性能得到了进一步改善和提高。复合绝缘子已在特高压电网建设中得到大量应用，为电网安全可靠运行发挥更大的作用。但是在运行过程中，复合绝缘子也会受到污秽、鸟害、冰雪、高湿、温差及空气中有害物质等环境因素的影响；在电气上还要承受强电场、雷电冲击、工频电弧电流等的作用；在机械上要承受长期工作荷载、综合荷载、导线舞动等机械力的作用。因此，入网前和挂网运行后为准确掌握复合绝缘子的运行现状，客观全面地评价其运行性能，需定期对复合绝缘子进行抽检试验并评价其运行性能。

第一节 复合绝缘子试验

最早关于复合绝缘子的标准是 ANSI/IEEE Std987—1985，制定于 1985 年。而我国的复合绝缘子大规模应用是从 20 世纪 90 年代开始的，我国最早关于复合绝缘子的标准是 1991 年制定的 JB 5892—1991《高压线路用有机复合绝缘子技术条件》。随着复合绝缘子研究的深入和大规模应用，又先后制定了相关的国家和电力行业标准，如 DL/T 864—2004《标称电压高于 1000V 交流架空线路用复合绝缘子使用导则》；GB 19519—2014《标称电压高于 1000V 的交流架空线路用复合绝缘子—定义、试验方法及验收准则》；DL/T 1000.3—2015《标称电压高于 1000V 架空线路用绝缘子使用导则　第 3 部分：交流系统用棒形悬式复合绝缘子》等。

一、试验分类

复合绝缘子试验按照试验性质可以分为设计试验、型式试验、抽检试验、逐个试验、运行性能检验等几类；另外，运行和科研单位一直致力于运行复合绝缘子的现场检验工作。

（1）设计试验。设计试验旨在验证设计、材料和制造方法（工艺）是否适宜。绝缘子的设计由以下因素确定：

1）芯棒和伞套材料，以及其制造方法（工艺）；

2）端部装配件材料、安装（包括连接）结构及方法；

3）覆盖芯棒的伞套层厚度（如有护套，则包括其厚度）；

4）芯棒直径。

当设计改变时，应按标准规定重新验证。

（2）型式试验。型式试验用来验证复合绝缘子的主要特性，这些特性主要取决于其形状和尺寸，也用于验证装配好的芯棒的机械特性。型式试验应在母绝缘子通过设计试验后实施。

（3）抽样试验。抽样试验是为了验证绝缘子由制造质量和所用材料决定的特性。抽样试验对从提交验收的绝缘子批次中随机抽取的绝缘子实施。

（4）逐个试验。逐个试验用来剔除有制造缺陷的绝缘子，对提交验收的所有绝缘子实施。

（5）运行性能检验。为准确客观评价挂网运行复合绝缘子的运行性能，运行过程中需定期开展试品抽样检验。

二、设计试验

设计试验仅进行一次，并将结果记录在试验报告中，每一部分试验可以独立地用合适的新试品进行。仅当所有的绝缘子或试品通过了规定程序的各项设计试验时，该特定设计的复合绝缘子才认为合格。设计试验分为以下4类：

（1）界面和端部金属装配件连接试验。包括突然卸载预应力、热机预应力、水浸渍预应力、验证试验（外观检查、陡波前冲击电压试验、干工频电压试验）。

（2）伞和伞套材料试验。包括硬度试验、1000h 紫外光试验、起痕和蚀损试验、可燃性试验、伞套材料耐电痕化和蚀损试验、憎水性试验。

（3）芯棒材料试验。包括染料渗透试验、水扩散试验、应力腐蚀试验。

（4）装配好的芯棒的负荷—时间试验。包括装配好的绝缘子的芯棒平均破坏负荷的测定、96h 耐受负荷的检查。

三、型式试验

某种绝缘子型式在电气上是由电弧距离、爬电距离、伞倾角、伞径和伞间距确定。这些条件相同的绝缘子，其电气型式试验只需进行一次。如果引弧或均压装置是该型式绝缘子的必备部件，则电气型式试验应带上这些装置进行。

对给定芯棒直径和材料、伞套制造方法、端部装配件安装方法和连接结构，某种绝缘子型式在机械上主要由最大的规定机械负荷（SML）确定。这些条件相同的绝缘子，其电气型式试验只需进行一次。

此外，当绝缘子设计特性改变时，也需重新进行电气型式试验和机械型式试验。

四、运行复合绝缘子的抽检试验

（一）抽检周期

运行时间达10年的复合绝缘子应按批进行一次抽检试验，并结合积污特性和运行状态做好记录分析。第一次抽检6年后应进行第二次抽样。

对于重污区、重冰区、大风区、高寒、高湿、强紫外线等特殊环境地区，应结合运行经验缩短抽检周期。

（二）抽样数量

抽样试验使用两种样本E1和E2。若被检验复合绝缘子多于10 000支，则应将它们分成几批，每批的数量在2000～10 000支。试验结果应分别对每批做出评定。

绝缘子的批次可按制造企业、运行年限、电压等级、运行环境等，并有各地结合运行实际确定。

（三）抽检项目

运行复合绝缘子抽检试验项目见表5－1。

表5－1　运行复合绝缘子性能检验项目

序号	试验名称	抽样数量	样本大小			
			$N \leqslant 300$	$300 < N \leqslant 2000$	$2000 < N \leqslant 5000$	$5000 < N \leqslant 10\,000$
		E1	2	4	8	12
		E2	1	3	4	6
1	憎水性试验	E1+E2				
2	带护套芯棒水扩散试验	E2				
3	水煮后的陡波前冲击耐受电压试验	E2				
4	密封性能试验	E1中取1支				
5	机械破坏负荷试验	E1				

（四）检验评定准则

如果仅有一支试品不符合表5－1中序号2和序号3中的任一项或序号4时，

则在同批产品中加倍抽样，进行重复试验。若第一次试验时有超过 1 支试品不合格或在重复试验中仍有 1 支试品不合格，则该批复合绝缘子应退出运行。

若机械强度低于 67%额定机械拉伸负荷（SML）时，应加倍抽样试验，若仍低于 67%额定机械拉伸负荷（SML）时，该批复合绝缘子应退出运行。

（五）憎水性检验周期及判定准则

运行复合绝缘子憎水性检验周期及判定准则见表 5-2。

表 5-2　　憎水性检测周期及判定准则

憎水性等级（HC）	检测周期（年）	判　定　准　则
1～2	6	继续运行
3～4	3	继续运行
5	1	继续运行，需跟踪检测
6	—	退出运行

（六）非破坏性试验项目介绍

1. 外观检查

检查复合绝缘子表面是否出现粉化、裂纹、电蚀、树枝状放电痕迹，伞裙材质是否变硬、憎水性情况、各粘结和密封部位是脱胶、端部金具是否出现连接滑移现象、如果出现就认为是复合绝缘子材质出现老化或质量有问题。

2. 直流泄漏试验

复合绝缘子在清水中浸泡 24h 后，在 8h 内测量直流泄漏电流，在直流 $\sqrt{2}$ 倍最高运行相电压下，1min 的泄漏电流值不大于 10μA。

3. 憎水性判断法

（1）静态接触角法：静态接触角法（CA 法）是通过测量固体表面平衡水珠的接触角来反映材料表面憎水性状态的方法，可通过静态接触角测量仪器、测量显微镜或照相的方式来测量静态接触角的大小。测试时，将一水滴滴在表面水平的复合绝缘材料上，在空气、水和复合绝缘材料的交界点做水滴表面切线，该切线与绝缘材料表面的夹角 θ 即为静态接触角。很显然，在相同的水滴容量下，静态接触角越大，水滴与绝缘材料的接触面越小，则憎水性越好。通常认为，$\theta > 90°$ 时，绝缘材料表面是憎水的。这种方法测量简单，定量准确，可方便地用于材料表面憎水性的评估。但是，该方法需要严格的试验环境，所用试品为平板试品，只能用于材料的实验室研究而不能用于复合绝缘子构件的现场研究。并且在用于粗糙或被污染的表面憎水性的评价时，接触角会有明显的迟滞现象。另外也有人用动态接触角法进行材料表面憎水性的研究，但是该方法和静态接触角法一样都只能用于材料表面憎水性的实验室测量，而不能用于复合绝缘子构件憎水性的现场测试。

（2）喷水分级法：实际操作中往往采用瑞典输电研究所（Swedish Transmission Research Institute，STRI）提出的喷水分级法（即 HC 法）。喷水分级法通过两个物理量来评估憎水性——运行状态下倾斜伞裙表面水滴的后退角（见图 5－1）和水膜的覆盖面积，将憎水性分成 HC1～HC7 共 7 个等级，并给出了分级判据（见表 5－3）和参考图片（见图 5－2，HC7 是全部试验面积上覆盖了连续的水膜时的憎水等级，未给图片）。这种方法的操作过程比较简单，喷水设备为能喷出薄水雾的普通喷壶。被试品的测试面积应在 50～100cm² 之间。喷水设备喷嘴距试品 25±10cm，每秒钟对试品喷 1～2 次，连续喷雾 20～30s，在喷雾结束后 10s 内，完成憎水性的判断。判断时，测试人要分别从不同的角度仔细观察绝缘子表面水滴的情况，然后将所观察到的情形和图 5－2 中的图像加以比较，同时参考表 5－3 中的 7 种级别特征，得出憎水等级。憎水性表面属于 HC1～HC3 级；HC4 是一个中间过渡级，此时，水珠和水带同时存在；亲水性表面属于 HC5～HC7 级。

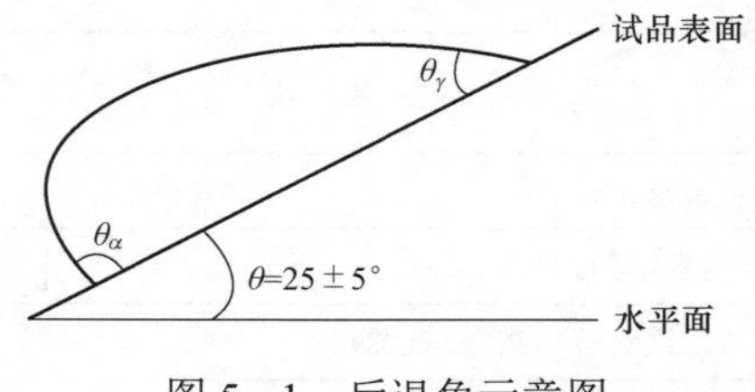

图 5－1　后退角示意图

θ_α—前进角；θ_γ—后退角

表 5－3　　STRI 的 HC 分级判据

HC 值	绝缘子表面水滴的状态
1	仅形成分离的水珠，大部分水珠 $\theta_r \geqslant 80°$
2	仅形成分离的水珠，大部分水珠 $50° < \theta_r < 80°$
3	仅形成分离的水珠，水珠一般不再是圆的，大部分水珠 $20° < \theta_r \leqslant 50°$
4	同时存在分离的水珠和水膜（$\theta_r = 0°$），总的水膜覆盖面积＜被测面积的 90%，最大的水膜面积＜2cm²
5	总的水膜覆盖面积＜被测面积的 90%，最大的水膜面积＞2cm²
6	总的水膜覆盖面积＞被测面积的 90%，有少量的干燥区域（点或狭窄带）
7	全部试验面积上覆盖了连续的水膜

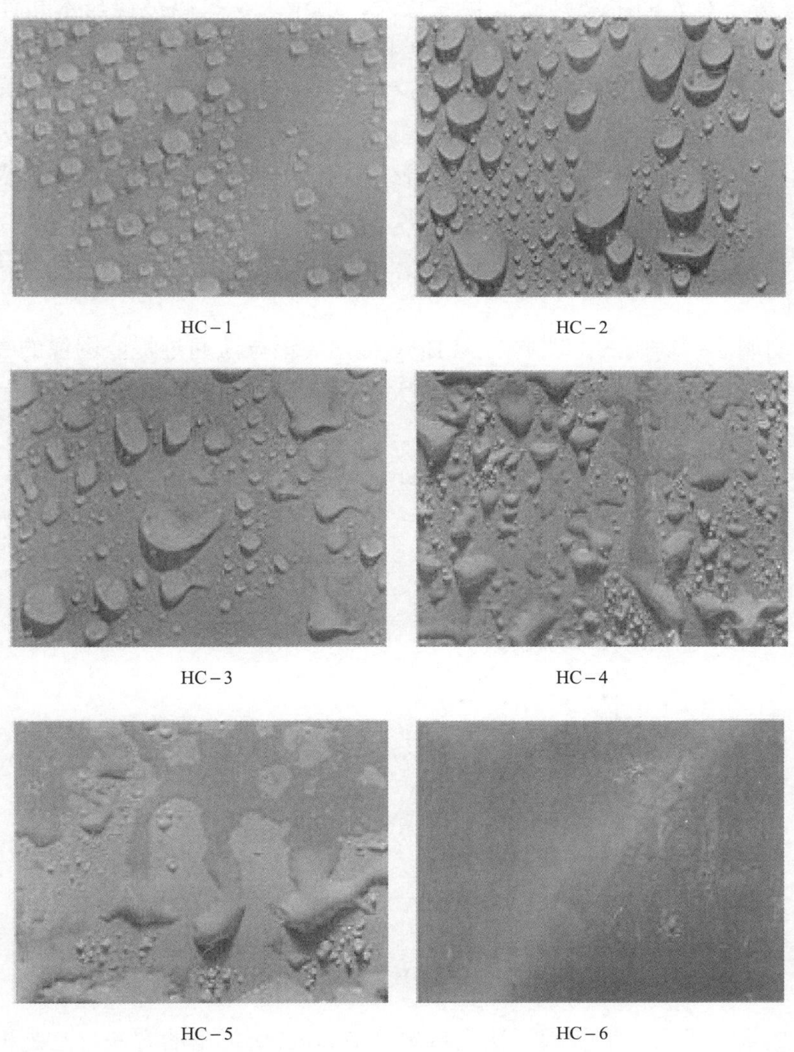

图 5－2　不同憎水等级的 STRI 参考图像

喷水分级法操作简单，易于现场测试，目前国内外较为广泛地采用了这种方法。但传统的喷水分级法不能用于复合绝缘子憎水性的带电检测，并且该方法是一种人工肉眼判断方法，对人的主观依赖性较大。

（3）计算机数字图像分析技术在憎水性评价中的应用：喷水分级法可对绝缘子表面的憎水性能进行较为准确的评价，但是该方法的缺陷是，它是一种人工评价方法，对人的主观判断依赖性较大。近年来，数码摄像技术和计算机数字图像分析技术的发展为人们更为客观和精确的评价复合绝缘子表面的憎水性提供了一条新的道路。一些研究单位和学者尝试通过运用数字图像分析的方法来客观判断绝缘子的憎水性并取得一些研究成果，其中以均熵法和形状因子法最为典型。这两种方法的共同点就是首先要对复合绝缘子表面喷水，然后拍摄所需的数字图像，最后对图像进行处理、分析和计算，从而得出所需的函数值，以此作为憎水性等级的判据。两者的区别就是对图像采用不同算法，得出的函数值不同。

1）均熵法：均熵法由瑞典的 M.Berg 提出。该方法通过提取图像的亮度（灰度）信息，从而计算出标准均熵 A。由大量图像计算并进行结果统计，可得出 A 和憎水等级 HC 之间的关系，见图 5－3。该曲线得出后，由复合绝缘子的图像计算出其均熵值 A，根据此曲线就可以得出对应的 HC 等级。

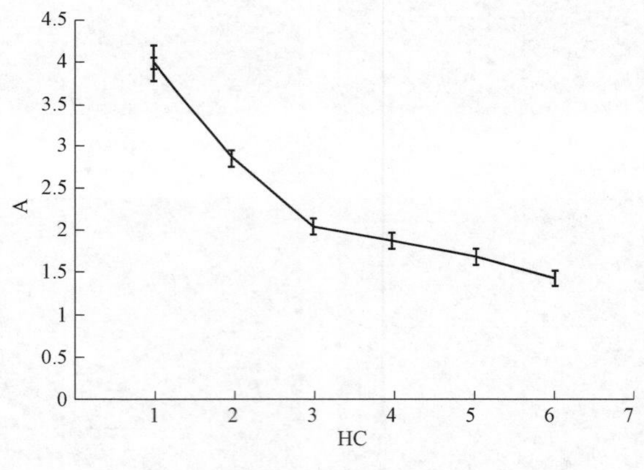

图 5－3　A－HC 对应关系图

2）形状因子法。形状因子法是日本 T.Tokoro 所提出的方法，它是根据如下公式来计算水珠的形状信息。

$$f_c = 4\pi a / c^2$$

式中，f_c 为形状因子；a 为水珠的面积；c 为水珠的周长。

由大量的计算可以得出 f_c 和憎水等级 HC 之间的关系见表 5－4。由复合绝缘子的图像计算出其形状因子 f_c，然后通过查表和观察表面水珠和水带的情况就可以得出相应的 HC 等级。

表 5-4　　　　f_c-HC 对应关系表

HC 等级	后退角 θ_r	水珠的形状因子 $f_c=4\pi\frac{a}{c^2}$ 和水珠的大小
HC1	$\theta_r \geqslant 80°$	$f_c \approx 1$，水珠很小
HC2	$80° > \theta_r > 50°$	f_cV<1，水珠比较小
HC3	$50° \geqslant \theta_r \geqslant 20°$	f_c 更小，水珠较大
HC4、HC5	$\theta_r > 0°$，取决于水迹面积	f_c 非常小，水珠和水迹同时存在
HC6、HC7	$\theta_r = 0°$	$f_c = 0$，水迹面积大

这两种方法可以为复合绝缘子憎水等级的判断提供客观的、定量的判据，而所需要的仅仅是对复合绝缘子喷水以后进行拍摄图片，操作简单，判断方便。但上述两种方法尚存在问题：

1）均熵法是通过对背景均匀的试样进行分析得出的结果，能否适用于现场获得的污秽复合绝缘子喷水图像的分析尚需要进一步的研究。

2）形状因子法的分级判据十分笼统，能否更为细致地分级同样需要进一步的研究。

3）该研究仅停留在试验室阶段，缺乏对复杂情况下复杂表面的分析；虽然对现场在线测试做了可行性预测，但并没有付诸实施。

4. 超声检测法

清华大学研究了用超声波法来检测复合绝缘子芯棒裂纹。超声波检测的实现是基于超声波在从一种介质进入另一种介质的传播过程中会在两介质的交界面发生反射、折射和模式变换的原理，超声波发生器发射始脉冲进入绝缘子介质，当绝缘子有裂纹时，则在时间轴上出现该裂纹的反射波，由时间轴上缺陷波的大小和位置即可判断绝缘子中缺陷情况。用超声波检测复合绝缘子机械缺陷时具有操作简单、安全可靠、抗干扰能力强等优点。但由于其存在耦合、衰减及超声换能器性能问题，在远距离遥测上目前尚未有重大突破，不适合现场检测，而主要用于企业生产在线检测以及试验室鉴定。

（七）破坏性试验项目介绍

（1）复合绝缘子在自然污秽状况下进行工频干、湿闪络电压对比试验。当工频干、湿闪络电压差值在 30%以上时，应将绝缘子表面污秽清洗干净，重新做上述试验，工频干、湿闪络电压差值不应超过30%。

（2）陡波冲击试验：复合绝缘子放入0.1%的NaCl的水槽中沸腾煮24h后，在48h内完成陡度为1000kV/μs、正负各5次的陡波冲击试验。试验中不应发生击穿或损坏。

（3）机械负荷耐受试验：先将机械负荷平稳地升到50%SML，耐受1min，然后在30～90s内将机械负荷升到额定机械负荷SML，耐受1min。在这期间试品不应发生芯棒破坏、抽芯、端部附件破坏、伞裙套裂纹、密封件开裂等现象。然后增加负荷直至试品被拉断。

（4）2m跌落试验：将复合绝缘子水平置于距地面高2m处向下自由跌落3次，伞裙不应出现断裂，否则认为老化。跌落地为干净的水泥地面。

另外还有表面污层盐密测量、端部密封测量等试验室试验项目。

五、现场在线检测方法

目前国内外复合绝缘子现场在线检测的方法大致有以下几种：

（1）目测：这种方法是目前采用最普遍的方法。由于缺陷尺寸小，通常需要借助于高倍望远镜进行观察，在确保安全的前提下尽可能地接近绝缘子进行观察。目测主要是检查伞裙护套有无破损、裂纹及电击穿、芯棒有无裸露，是否从金具中滑移。目测主要是检查表面较大的损坏。

（2）电场分布：由于复合绝缘子内部缺陷的存在，因此缺陷部位的电场会或多或少地发生突变。这是用特制探头沿复合绝缘子表面测量电场，并通过计算机把电场曲线显示出来。据相关研究表明，这种方法只是对于充分濡湿的复合绝缘子发生的故障有效，对于干燥状态下，这种方法不明显。同时，这种检测方法检测费用高。

（3）憎水性分级：现在有一些科研机构进行在线测量复合绝缘子的憎水性等级，即在保证安全的前提下，进行人工淋湿，在线观测，这种方法可以真实的反映复合绝缘子的憎水性，但对测量人员的技术要求较高，并且安全保证上投入较多。

（4）紫外成像法：微小但稳定的表面局部放电会导致复合绝缘子伞裙和护套形成碳化通道或电蚀损。当绝缘子表面形成碳化通道时，其使用寿命会大大降低，甚至在短期内被击穿。利用电子紫外光学探伤仪可以带电检测复合绝缘子表面由于局部放电而形成的碳化通道和电蚀损，其原理是：局部放电过程中带电粒子复合会放出紫外线，当绝缘子表面形成导电性碳化通道时，局部放电加剧。该方法的不足之处是要求在夜间、正温度环境下操作；另外要求检测时正在发生局部放电，这要求检测应在高湿度甚至有降雨的环境中进行。但检测结果容易受到观察角度的影响，检测设备也较昂贵。

（5）红外成像技术：在电场作用下引起的损坏，由于局部放电的作用，都伴有热效应。因此无论在试验室或者是在现场利用红外成像技术都可以很好的检测到复合绝缘子的缺陷，取得良好的效果。但试验研究表明，只有局部放电水平比较显著时，故障绝缘子的热故障才比较明显。并且这种技术适用于复合绝缘子的跟踪观测，可以发现一些发展性的内击穿故障。目前一些电力运行单位已经开展了这方面的工作，取得了不错的效果。

此外像定向无线电发射诊断技术、超光谱成像技术、光谱无线电测量技术在一定层面上也取得了不错的效果。但是不管是哪一种方法，目前都不能取得很好的效果，现场中需要多种方法和手段的综合利用才能更好地检测出复合绝缘子真实的运行状态。

第二节 线路用复合绝缘子运行评价

1989～1995 年是复合绝缘子在河南省的初期运行阶段，也是复合绝缘子工艺不太成熟的时期。河南省在 1995 对进行了一次小范围的复合绝缘子抽检试验，用来考核复合绝缘子在河南电网中运行的可靠性，试验项目仅为额定机械负荷 1min 耐受试验。抽检范围和试验项目均不够充分。

随着复合绝缘子在河南省的大范围应用，为了全面评价目前河南电网复合绝缘子的运行状况，河南省组织了一次全面的线路用复合绝缘子运行评价工作，共抽检涉及 110kV、220kV 两个电压等级共 159 支；其中 110kV 等级 90 支、220kV 等级 69 支。抽检产品主要是在河南电网大量应用的厂家产品；时间跨度从 1989 年复合绝缘子挂网试运行到 2002 年度的复合绝缘子，这期间既有早期产品，更有目前的改进型复合绝缘子；伞形结构也包含了目前挂网运行的所有伞形结构，抽检的线路主要是 d 级污秽区以上线路。500kV 电压等级线路用复合绝缘子运行状况良好，近年来鲜见事故异常情况的发生，同时考虑到 500kV 线路属主干网架，停电进行抽检存在一定困难性，因此这次抽检中并没有涵盖。这次抽检基本上反映了河南省复合绝缘子的应用情况，尤其是重度污秽区的复合绝缘子运行情况，并且还为下面进行的相关研究提供了充足的样本空间。在抽检项目选择上，根据复合绝缘子试验方法和使用导则的规定，同时辅助目前正在开展的其他试验方法，如工频耐压情况下的红外测温试验，确定的试验项目有外观检查、憎水性评价、机械性能评价和电气性能评价。

一、外观检查

对抽检的所有复合绝缘子在试验前进行了外观检查，发现复合绝缘子的积污情况差异较大，抽检到的产品有的甚至出现了水泥状积块。运行年限超过十年的复合绝缘子伞裙护套经外观检查，发现表面发黑，电蚀损伤和局部放电迹象，并出现灰白色斑痕，伞裙脆化严重，部分产品出现了伞裙脱落和芯棒裸露现象，对伞裙稍加外力即出现伞裙撕裂现象，这一现象主要集中表现在A厂抽检产品；另外几个厂家的部分产品连接处出现了脱胶、裂缝和滑移情况；金属附件出现锈蚀和电烧伤痕迹。这说明河南省运行的复合绝缘子均出现了不同程度的老化、劣化现象，并且早期产品老化、劣化程度还相当严重。图5-4是抽检过程中的一些绝缘子试验前的外观检查情况。

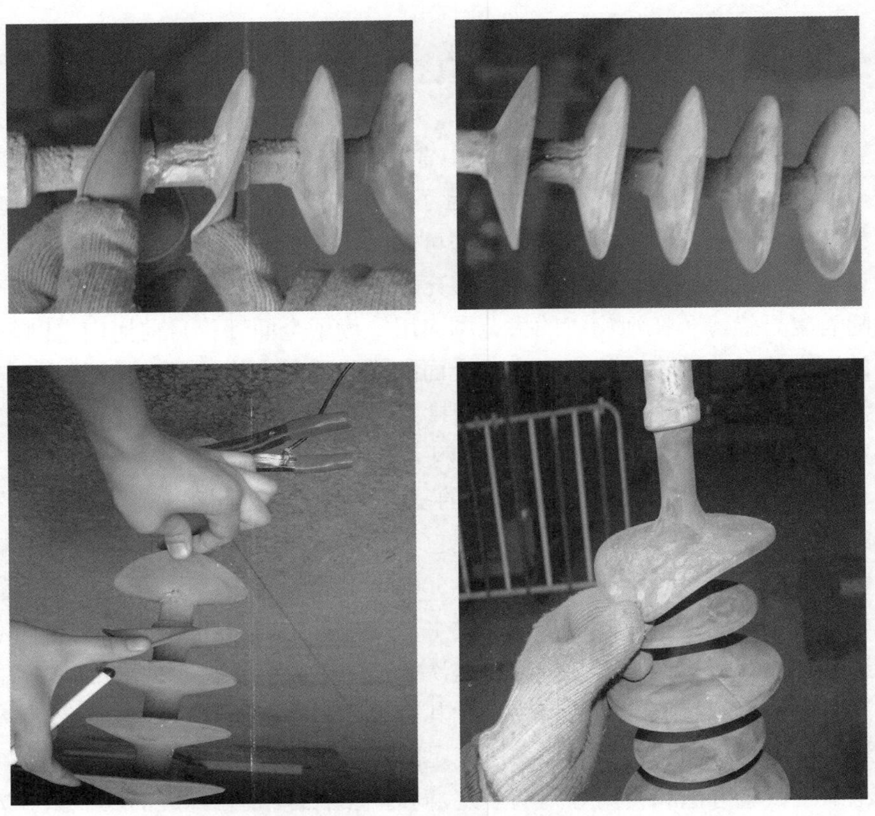

图5-4 试验前典型外观情况检查照片（一）

图 5－4　试验前典型外观情况检查照片（二）

随后进行了 2m 跌落试验：将复合绝缘子水平置于距地面高 2m 处向下自由跌落 3 次，伞裙不应出现断裂，否则认为老化。跌落地面为干净的水泥地面。这个试验的目的是检验复合绝缘子伞裙是否可以经受住外力的作用，是检验伞裙护套老化的一个较好的方法。经过跌落试验后，进行外观检查发现 B 厂有 3 只产品出现伞裙摔裂掉片现象，仅占 B 厂抽检总数的 2.6%；A 厂共有 24 只产品出现伞裙发脆、断裂的现象，占 A 厂抽检总数的 63.2%。

从外观检查的结果看，复合绝缘子随着运行时间和运行区域的不同均出现了不同程度的老化劣化现象。

（1）运行年限超过十年的复合绝缘子伞裙护套经外观检查，发现表面发黑，电蚀伤和局部放电迹象，并出现灰白色斑痕，伞裙脆化严重，部分产品出现了伞裙脱落和芯棒裸露现象，对伞裙稍加外力即出现伞裙撕裂现象。这些主要是A厂的运行在十年以上的早期产品。

（2）部分产品出现芯棒与金具相互滑移的现象，这反映出了端部连接结构存在着一定的问题。

（3）2m跌落试验反映出A厂早期产品伞裙老化严重的问题。

（4）B厂产品总体上由于运行时间不是太长，一般都在5～10年，因此老化、劣化不严重。

对挂网复合绝缘子出现的这些老化、劣化现象进行分析，出现的原因大致有下面几个方面：

（1）早期产品主要是A厂110kV电压等级产品，截至目前挂网已满15年，劣化老化比较严重。这些产品主要运行在豫西、豫北等工业比较发达地区。运行时间较长，环境污染严重是造成复合绝缘子表面积污、积尘严重、老化、劣化程度高的主要原因。

（2）早期产品为了提高耐漏电起痕，在硅橡胶材料中加入较多的无机物填料是造成早期产品伞裙护套脆化、开裂、脱落的主要原因。近几年各厂家生产的复合绝缘子调整了配方，合理分配硅橡胶材料与无机物填充料的比例。对抽检到的近五年来的新产品检查，我们发现伞裙弹性较好，自身的抗撕扯强度较高，但是关于产品配方的实际抗劣化能力，由于运行时间还不是太长，仍然需要在今后的实际运行中加以监测验证。

（3）外界污秽大量覆盖在绝缘子表面，经高低温差变化、光照、紫外线辐射、强电场等外界因素作用也是造成伞裙护套劣化的原因。

以河南省为例，应用的复合绝缘子由于运行地区不同、运行年限不同、生产厂家产品的差异的不同而表现出来的老化、劣化程度是不一样的，因此今后在对运行复合绝缘子进行日常监测时要有侧重点，对所在区域污秽等级比较高、运行年限比较长的复合绝缘子要着重加强运行检测。

二、憎水性评价

1. 憎水性能分级

关于憎水性能分级方法的研究目前开展很多，目前应用最广泛的能较好反映复合绝缘子憎水性能的分级方法——由瑞典输电研究所（STRI）推荐的《复合绝缘子憎水性分类准则》，即HC法则。

2. 试验方法

我们对抽检运行中 110、220kV 电压等级的复合绝缘子进行了伞裙积污条件下憎水性能分级试验，用以对比不同厂家、不同运行年限、不同积污条件下的憎水性能差异。试验时被试品垂直悬挂，采用能产生微小雾粒的喷雾器在距离被试品表面 25cm 的位置上、大致每秒钟压二次对复合绝缘子表面进行喷淋，持续时间 20～30s，在喷雾结束后的 10s 内完成水滴接触角状况的观察、伞裙表面憎水级别的判别。对于 220kV 等级复合绝缘子由于长度较长，我们把复合绝缘子沿纵向从球头到球窝分为 5 个部分；对于 110kV 等级复合绝缘子，我们把它沿纵向从球头到球窝分为 3 个部分；沿各个伞裙连续面进行测试。一般认为 HC1～HC2 级的材料表面具有较好的憎水性；HC3 级的材料表面出现老化；HC4～HC5 的材料表面已经出现比较严重的老化；HC6～HC7 级的为材料表面完全老化。

3. 憎水性抽检结果

本次抽检样品主要是 A 厂和 B 厂产品。A 厂产品挂网时间比较早，110、220kV 两个电压等级均有挂网运行产品，但是在河南主要以 110kV 为主，且大部分运行时间已经有 10 年以上。B 厂产品主要是近十年来河南电网各电压等级中大量应用。因此这次抽检的重点是 A 厂十年以上产品和 B 厂近十年产品。表 5－5、表 5－6 是两厂家 220、110kV 电压等级产品憎水性变化统计结果，图 5－5 是试验过程中典型憎水性照片。

表 5－5　　220kV 抽检复合绝缘子憎水性分级统计表

憎水性级别			HC3		HC4～HC5		HC6		220kV 抽检总数（只）
			数量（只）	百分比（%）	数量（只）	百分比（%）	数量（只）	百分比（%）	
运行年限	A 厂	10 年以上	1	20	4	80	0	0	5
	B 厂	10 年至 5 年	10	15.6	44	68.8	0	0	64
		5 年以下	1	1.6	6	9.4	2	3.1	

表 5－6　　110kV 抽检复合绝缘子憎水性分级统计表

憎水性级别			HC3		HC4～HC5		HC6		110kV 抽检总数（只）
			数量（只）	百分比（%）	数量（只）	百分比（%）	数量（只）	百分比（%）	
运行年限	A 厂	10 年以上	10	30.3	9	27.3	0	0	33
		10 年至 5 年	1	3.0	3	9.1	0	0	
		5 年以下	0	0	0	0	0	0	

续表

憎水性级别			HC3		HC4～HC5		HC6		110kV抽检总数（只）
			数量（只）	百分比（%）	数量（只）	百分比（%）	数量（只）	百分比（%）	
运行年限	B厂	10年以上	0	0	0	0	0	0	53
		10年至5年	17	32.1	22	41.5	3	5.7	
		5年以下	0	0	0	0	1	1.9	

从抽检结果来看，不同厂家的产品因硅橡胶材料配方的不同，运行年限的不同，其运行后伞裙表面憎水性、憎水迁移性也是不同的。在进行结果小结之前，需要说明一下试验结果的准确性问题。由于本次才采用的是瑞典输电研究所推荐的HC法则，该法则由于是用人工比对标准图谱方式来进行憎水性分级，存在一定的人为主观成分，因此憎水性结果存在一定的偏差。A厂和B厂憎水性按年度统计见图5－6、图5－7。

图5－5　憎水性试验典型照片（一）

图 5-5　憎水性试验典型照片（二）

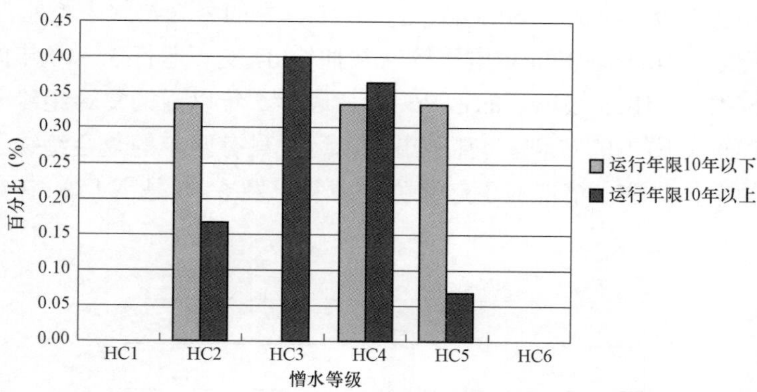

图 5-6　A 厂试品憎水性按年度统计图

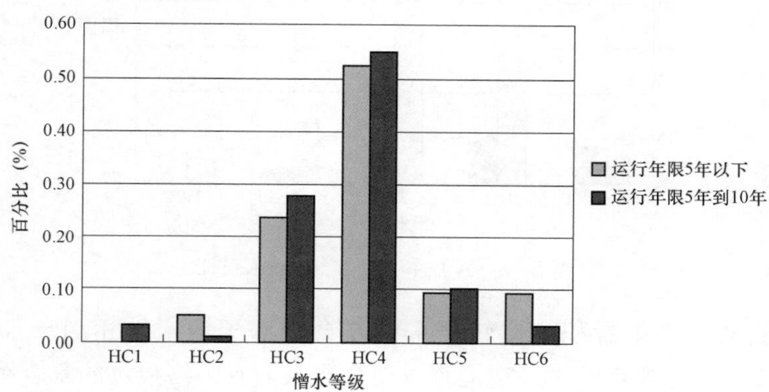

图 5-7　B 厂试品憎水性按年度统计图

从上述试验统计分析结果来看：

（1）复合绝缘子经过长期的运行以后，其憎水性和憎水迁移性都有不同程度的下降，运行时间越长，挂网运行外界环境越恶劣，憎水性和憎水迁移性下降越多。不同厂家的产品因硅橡胶材料配方的不同，其运行后伞裙表面憎水性、憎水迁移性也是不同的。从整体抽检结果数据来看A厂复合绝缘子憎水迁移特性要好于B厂产品。

（2）A厂产品是河南省最早运行的复合绝缘子，主要运行在110kV电压等级，且大部分运行时间都在十年以上。抽检产品外观检查发现外表面积污、劣化均比较严重，110kV等级抽检产品憎水性HC3级以下产品占69.7%，HC4～HC5级以下产品占36.4%。

（3）B厂抽检产品主要集中在近十年来的运行产品。从抽检情况来看，伞裙憎水性下降较快。110kV电压等级共抽检53支，运行5～10年的复合绝缘子憎水性在HC4～HC5级以下的占54.3%。运行5年以内的复合绝缘子憎水性在HC4～HC5级以下的占100%。220kV电压等级共抽检64支，运行5～10年的复合绝缘子憎水性在HC4～HC5级以下的占76.4%。运行5年以内的复合绝缘子憎水性在HC4～HC5级以下的占77.8%。甚至出现了运行只有两年的复合绝缘子憎水性达到HC6级的个体，这一情况应引起我们的重视。图5－8是A厂和B厂产品憎水性对比。

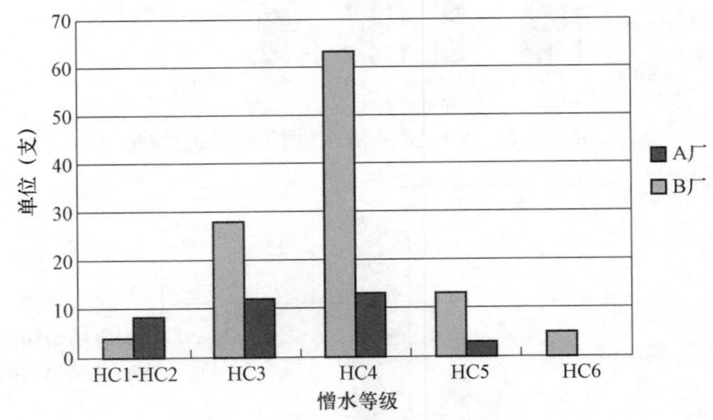

图5－8　A厂和B厂产品憎水对比

（4）从抽检结果看积污比较严重的复合绝缘子憎水性相当一部分达到了HC4～HC5级。尤其是经过外观检查发现伞裙表面有闪络痕迹的复合绝缘子，表面憎水性较差。

（5）从抽检情况看，整体抽检产品的憎水性基本上都在了 HC3 级及以下，且相当一部分在 HC4～HC5 级。因此今后在硅橡胶配方方面仍需加强研究。

三、机械性能评价

复合绝缘子长期运行实践证明，其整体机械性能的可靠性对输电线路的安全运行十分重要。众所周知，如果输电线路上的复合绝缘子出现故障发生掉线，它所造成的后果是相当严重的，轻则烧毁导线需要重新更换；甚至是因为导线掉线而引发相间短路或短路接地故障，从而引发更大范围的电力系统故障，从而影响到电力系统的安全稳定运行。同时相关资料表明，复合绝缘子的机械强度随运行时间的增长而降低，因此对复合绝缘子综合机械性能进行评价，是确保输电线路安全稳定运行的一个重要措施。

1. 复合绝缘子机械强度

金具与芯棒的连接结构是决定复合绝缘子机械强度的关键因素。不管是内楔式还是外楔式结构都是自锁性结构，它允许接球头在拉伸符合下由一定的滑移而保证芯棒不脱落。压接式连接结构是非自锁性结构，必须完全依靠预应力产生的金具塑变来预防运行中因意外情况发生时芯棒出现的任何滑移。

以河南省为例，运行的复合绝缘子分为两个阶段，早期的主要是 A5 的以外楔式连接结构为主；近 10 年以来的后期产品主要是 B 厂的以内楔式连接结构为主。目前，不管是外楔式还是内楔式均有挂网运行产品，关于压接式连接结构的复合绝缘子，随着装配工艺自动化的提高，现在已经有大部分厂家生产，并投入运行。

2. 复合绝缘子机械负荷试验

根据标准 GB 19519—2014《标称电压高于 1000V 的交流架空线路用复合绝缘子—定义、试验方法及验收准则》中的规定，对抽检的复合绝缘子进行机械负荷试验。对抽检的 110kV 共 90 支、220kV 共 69 支进行了机械负荷试验，希望通过该试验考核复合绝缘子在经过一定的挂网运行年限后，其自身残余的机械强度是否还能满足线路安全运行的要求。表 5－7 是机械负荷试验未达到试验要求的产品统计结果。

表 5－7　　机械负荷试验未达到试验要求的产品统计表

编　号	型　号	运行年限（年）	破坏负荷（kN）	破坏部位	生产厂家
015	FXBW－110/100	8	34	球头与芯棒拉脱	A 厂
087	FXBW－110/100	11	34	球头与芯棒拉脱	A 厂

续表

编　号	型　号	运行年限（年）	破坏负荷（kN）	破坏部位	生产厂家
088	FXBW－110/100	11	12	球头与芯棒拉脱	A厂
050	FXBW－110/100	11	17	球头与芯棒拉脱	A厂
084	FXBW－110/100	11	15.8	球头与芯棒拉脱	A厂
079	FXBW－110/100	12	20	球头与芯棒拉脱	A厂
018	FXBW－110/100	12	25	球头与芯棒拉脱	A厂
077	FXBW－110/100	12	11	球头与芯棒拉脱	A厂
082	FXBW－110/100	12	17	球头与芯棒拉脱	A厂
091	FXBW－110/100	13	37	球头与芯棒拉脱	A厂
064	FXBW－110/70	14	50	球头与芯棒拉脱	A厂
060	FXBW－110/70	15	24	球头与芯棒拉脱	A厂
055	FXBW－110/70	14	13	球头与芯棒拉脱	A厂
086	FXBW－110/100	14	38.6	球头与芯棒拉脱	A厂
066	FXBW－110/70	15	60	球头与芯棒拉脱	A厂
016	FXBW－110/100	10	97	球窝侧芯棒拉脱	B厂
102	FXBW－220/100	13	37	球头与芯棒拉脱	A厂
116	FXBW－220/100	13	37	球头与芯棒拉脱	A厂
123	FXBW－220/100	6	93	球头与芯棒拉脱	B厂
158	FXBW－220/100	9	99.3	芯棒拉裂	B厂

试验中典型的机械破坏照片见图5－9。

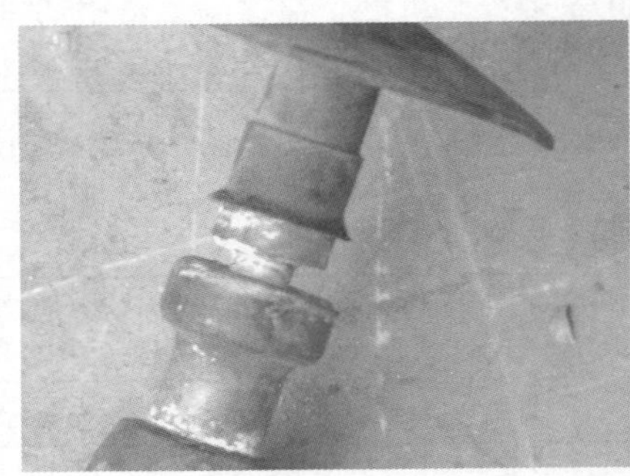

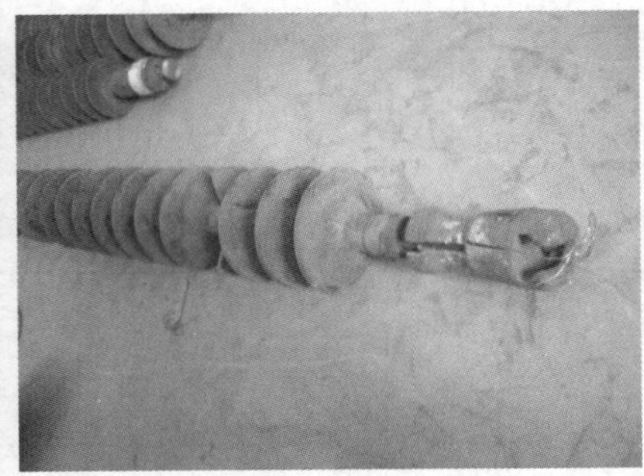

图5－9　机械破坏负荷试验情况（一）

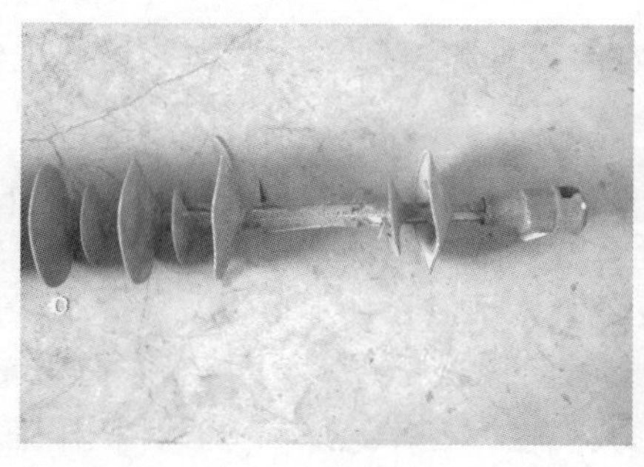
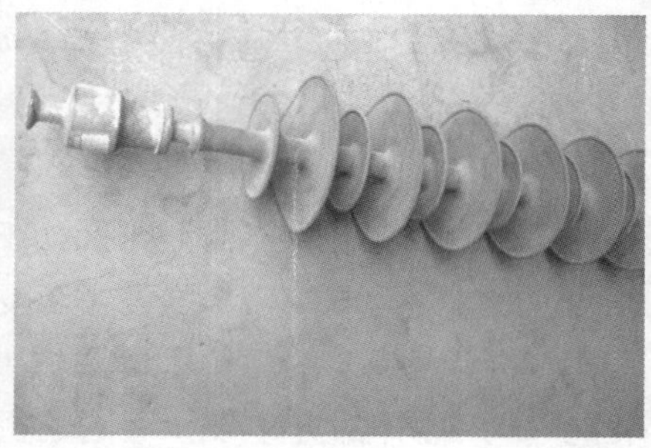

图 5－9　机械破坏负荷试验情况（二）

从抽检结果来看不同厂家产品，不同连接结构，在经过数年的运行以后其剩余机械强度差异较大，有厂家的产品已经到了危及输电线路安全运行的程度，现在对机械特性抽检结果进行小结。

（1）在这次抽检过程中，A 厂产品机械强度结果令人担忧，共抽检该厂产品 38 支，其中机械负荷未能达到 50%SML 占 43.6%。破坏机械负荷未达到 SML 的占 51.3%。尤其是运行在 10 年以上的复合绝缘子，破坏负荷只有不到 20kN 的水平。这么低的机械特性输电线路的运行中是极其危险的。

（2）B 厂抽检的复合绝缘子运行时间都在 10 年以内，在抽检到的 112 支绝缘子中，发现两支产品机械破坏负荷未达到 S.M.L，其余被试品机械特性均合格。

（3）由抽检试品的试验情况来开，端球头连接方式对复合绝缘子机械强度影响较大，早期产品多采用外楔式连接结构，运行实践证明这种连接结构在经过长期运行后暴露出机械强度明显下降的现象。

（4）从破坏情况来看，由于端球头连接是复合绝缘子结构中比较薄弱的一个环节，所以一般的破坏部位是芯棒与金具拉脱。在金具与芯棒拉脱的绝缘子当中有两种情况，一种是芯棒拉脱后端面呈现不规则状，芯棒玻璃纤维被拉成丝条状，这种情况主要是由于芯棒长期受到蠕变应力的作用，已经造成了相当一部分玻璃纤维发生了断裂，加上在进行拉力试验时芯棒受力不均匀的原因造成了这种现象；另外一种是端面比较整齐平整，并与芯棒轴向成垂直方向，这种情况一般发生在内楔式结构中。分析认为复合绝缘子在运行中由于受到长期的拉应力的作用，端部密封易受到损坏，从而造成了外界潮气和腐蚀成分进入端球头内部，同时在强电场的作用下，造成了芯棒的酸性腐蚀；内楔式结构中由于自身结构的特点，芯棒端部本身存在裂缝，这种酸蚀作用在端部对芯棒的影响就比较大，在一定情况下易造成端球头内部芯棒脆断现象的出现，这一现象应引起我们的注意。

（5）被机械破坏的复合绝缘子当中，其他的破坏情况有金具球头被拉断、金具球窝被拉变形、芯棒被拉裂等现象。在这些情况中破坏负荷均大大超过复合绝缘子的额定机械负荷 S.M.L，这说明在复合绝缘子的设计上可以采用“保险丝式设计”，即在复合绝缘子的三个不同区域：芯棒绝缘部分、芯棒与金具的连接部分、金属端球头球头球杆部分，设计不同的机械强度。芯棒绝缘部分设计机械强度最大、芯棒与金具的连接部分次之、金属端球头球头球杆部分设计机械强度最低。通过上述设计就把复合绝缘子端球头金具作为整支复合绝缘子机械强度的保险部件。因为金具球头球杆的直径是标准的，材料一般彩影 45 号钢，根据材料力学，可以计算出球杆的破坏强度，这样就可以确保任何一支复合绝缘子破坏时，都是金具球头球杆拉坏，而其他部位不损坏，破坏裕度大，保证了复合绝缘子使用的可靠性，满足了复合绝缘子长期运行的要求。

（6）从试验情况看早期 A 厂外楔式结构复合绝缘子剩余机械强度情况不容乐观，虽然经过了几次更换，但目前仍有一定数量的产品挂网运行，建议密切监视运行，如有可能应进行更换。B 厂产品目前剩余机械强度下降较少，可靠性较高，但也出现了脆断现象，分析认为是端部密封存在一定缺陷，建议改进端部密封形式，并定期对目前挂网产品进行抽检。

四、电气性能评价

复合绝缘子在构成材料和外部结构上与普通的瓷、玻璃绝缘子完全不一样。它们在闪络特性、雷电冲击特性、泄漏特性等等许多电气性能方面都是不一样的。特别是复合绝缘子在经受了长时间挂网运行后，其电气性能还能不能满足电网安全运行的要求？这需要我们对复合绝缘子的电气性能进行全面的抽检和评价。

复合绝缘子具有耐污性能强、不测零值、不用清扫、重量轻等优点已在国内电网中广泛使用。运行经验表明，复合绝缘子在防污闪事故中起到了重要作用。但是随着运行时间的增长，复合绝缘子逐渐出现了老化严重、异常发热等问题，甚至出现运行电压下发生内绝缘击穿等问题。

1. 试验方法

在复合绝缘子抽检中把复合绝缘子的工频耐受试验作为对起运行特性评价的一个重点。特别是，为了更充分地考验复合绝缘子的工频耐受能力，增加了盐水煮试验，在经过盐煮后的 48h 内，完成工频闪络及 30min80%工频闪络电压耐受试验，并且把先进的红外成像技术应用到复合绝缘子的检验检测中。

试验前首先将抽检的复合绝缘子放入 0.1%的 NaCl 的水槽中沸腾煮 42h，再将试品留在容器中直到水冷却到 50℃，最后将试品取出，在 48h 内完成工频闪络及 30min80%工频闪络电压耐受试验，并采用红外成像仪监视 30min80%工频闪络电压耐受试验时复合绝缘子的温升情况。如果发现温升比较大的试品，再进行正负各 5 次的陡波冲击试验。

2. 试验结果

对抽检的 110kV 共 90 支、220kV 共 69 支进行了上述试验，希望通过该试验考核复合绝缘子在经过一定的挂网运行年限后，其自身工频耐受强度是否还能满足线路安全运行的要求。从抽检结果来看：运行年限最长的试品运行年限已经超过 15 年，并且伞裙护套老化严重，经过 42h 的盐煮后，伞裙护套表面发白，但在进行工频闪络电压上仍然具有很高的工频电压耐受水平。

对复合绝缘子进行 30min80%工频闪络电压耐受试验，监测复合绝缘子的温升情况。共发现 18 支温升较高的复合绝缘子，另外还有 2 支工频交流耐压未通过，共占被试样品的 11.8%。温升较大的样品中，B 厂占 13 支、A 厂 5 支。具体试验结果见表 5－8、表 5－9。

表 5－8　A 厂试品温升试验异常统计

电压等级（kV）	伞型结构	外观检查（水煮前）	温升试验	投运时间
110	大小伞、灌胶	表面上附有小泥状污垢，护套外有贯通性电蚀迹象，球头与护套连接处封胶松动并掉一块	80%交流闪络电压未通过	1992 年
110	等径伞、灌胶	双均压环从球窝处数 1.3.14.17.18 片已掉部分，且 3.17 片伞掉一半，18 片伞已撕裂，未掉。伞表面较脏，有黑色污点，表面有油漆状斑点，部分斑点有脱落	球窝处发热较大	1998 年
110	大小伞、灌胶	表面污垢严重裹胶棒上有水泥状积尘，从球窝数第 4 片上已撕开一小块	芯棒整支温升大	1992 年
110	大小伞、灌胶	无均压环，表面污垢一般	芯棒整支温升大	1992 年
110	大小伞、灌胶	球头一均压环，伞表面污垢一般	芯棒整支温升大	1991 年
110	等径伞、灌胶	两侧均压环，双球窝，密封胶脱落，从球窝数第 1 片伞已掉一块，2 片伞有三角小洞，并即将撕裂掉，8 片一小块掉，10 片已裂开，12 片少一块，19 片少一块。绝缘子表面发黑，污垢严重	芯棒整支温升大	1989 年

表 5-9　　B 厂试品温升试验异常统计

电压等级（kV）	伞型结构	外观检查（水煮前）	温升试验	投运时间
110	大小伞、穿伞	无均压环，从球头端数第 5 片已裂开，未掉，第 20 片伞根已裂，密封胶已发黑，变质，发硬	310kV 通过，球窝上部发热	1996 年
110	等径伞、灌胶	球窝处一支均压环安装正确，伞表面有土，撕裂强度差，从球头数第 7 片伞一撕即烂	偏中部发热	1994 年
110	大小伞、穿伞	无均压环，绝缘子表面污尘一般	280kV 发生闪络，再次升压时 190kV 发生闪络	1999 年
110	大小伞、穿伞	球头一均压环，绝缘子表面发黑	芯棒整支温升大	1998 年
110	等径伞、灌胶	两侧均压环环，污秽一般	温升大	1995 年
110	等径伞、灌胶	两侧均压环	芯棒整支温升明显	1995 年
110	等径伞、穿伞	从球窝端第 3 片伞撕裂，污土严重	芯棒整支温升大	
110	等径伞、灌胶	球头一均压环，整支绝缘子发白，但护套发黑，污土一般	芯棒整支温升大	1994 年
110	大小伞、穿伞	两侧均压环，球窝上及球窝处第 1 片伞上有银灰色油漆状斑点	芯棒整支温升大	1997 年
110	等径伞、灌胶	两侧均压环	芯棒整支温升明显	1995 年
110	等径伞、穿伞	从球窝端第 3 片伞撕裂，污土严重	芯棒整支温升大	
220	大小伞、穿伞	无均压环，从球头数第 9 片伞（小伞）有裂开现象，伞表面不是太脏，积污较重	芯棒整支温升大	1997 年
220	大小伞、穿伞	两侧均压环，安装正确，积污较重，伞片上油漆点较多	芯棒整支温升大	1996 年
220	大小伞、穿伞	球头一均压环，安装正确，较污，密封胶有脱落现象，球头端裹胶掉有一小块剥开	芯棒整支温升大	1998 年

从试验结果可以统计出不同年度温升试验异常的样品占当年被试样品的比率，详见图 5-10。从图中可以看出温升运行时间在 5 年以下的被试品没有出现温升较高的异常样品，运行时间超过 5 年的被试品，出现了温升较高的异常情

况，大致呈现随着运行时间的增长，芯棒在温升试验中温升异常的比例逐步升高的一种趋势；运行年限在10年以上的复合绝缘子占同批抽检样品的比例为29.2%。从温升较高样品的伞形结构来看主要是护套挤压伞裙粘结分装工艺（也叫挤包穿伞工艺）和单伞伞套套装工艺（也叫灌胶工艺）。伞裙护套注射成型工艺在这次抽检中未发现异常情况。

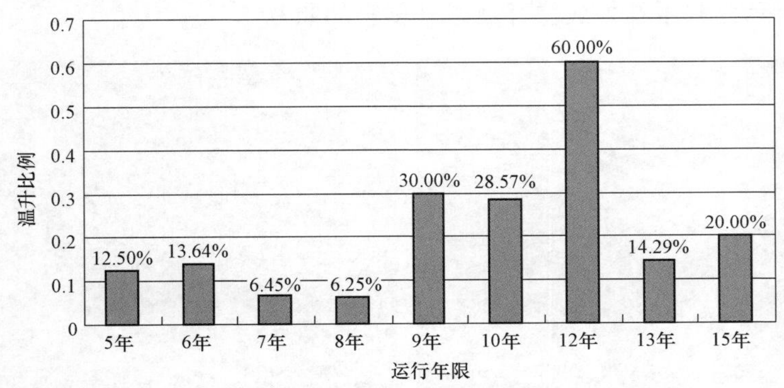

图 5－10 各年度温升异常比例统计图

从上述试验结果并结合其他开展温升现场追踪省份的情况来看，复合绝缘子运行状态条件下温升高是复合绝缘子内绝缘老化，进而发展成为复合绝缘子内击穿这类恶性事故的前期表现。这就需要伞裙护套与芯棒两种材料之间的界面尽可能的少，并且界面要粘结可靠，没有气泡等缺陷，这对于挤包穿伞和套装灌胶工艺来说都是做不到的，是致命的内伤。像挤包穿伞工艺生产的复合绝缘子，护套使用挤出机把硅橡胶胶料挤包到芯棒上去形成的，胶料和芯棒之间的温度、压力都不够，并且在高温高压下停留的时间比较短，护套与芯棒的粘结可靠程度不高，内部就不可避免地存在气泡及不粘缺陷。同时由于挤包护套的压力不够，护套的抗撕裂程度都很低，虽然刚刚投入运行时并不会表现出什么异常，但随着运行时间的增加，护套容易开裂。对于套装灌胶工艺生产的复合绝缘子，其运行效果更差。因此试验中出现了随着运行年限的增加温升高的比例增大的试验结果。

这次温升试验中未发现整体注射成型的被试品出现温升高的情况，这表明这种生产工艺生产的产品芯棒与伞裙护套粘结的可靠性。主要原因是这种工艺的产品，内绝缘面最少，硅橡胶在高温、高压及一定硫化时间下确保了复合绝缘子长期运行后的内绝缘质量。

某公司连续发生两次挤包穿伞复合绝缘子内击穿事故，针对此某单位对有缺陷的复合绝缘子进行了30min80%闪络电压工频耐受下温升试验，发现绝缘子有异常发热的绝缘子其电气性能下降严重。因此该公司上级单位对新建工程和技改项目暂停选用挤包穿伞式工艺生产的复合绝缘子，建议选用整体注射或分段注射成型的复合绝缘子；对220kV电压等级及以上重要区域联络线和重载线路及时更换；其他线路采取登杆红外测温方法进行检测，并将检测结果上报上级单位。图5－11所示为利用红外成像开展温升试验的照片。

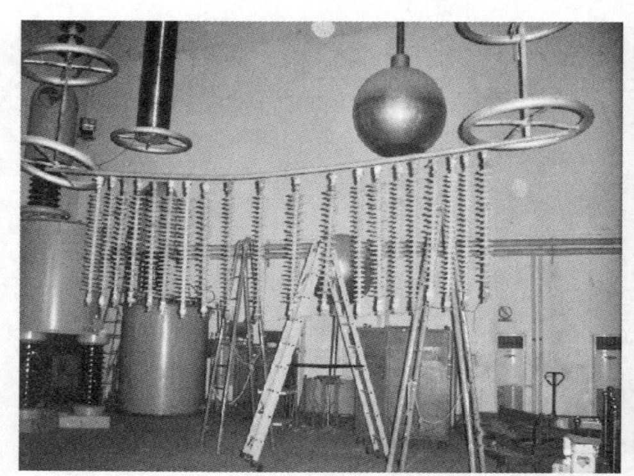

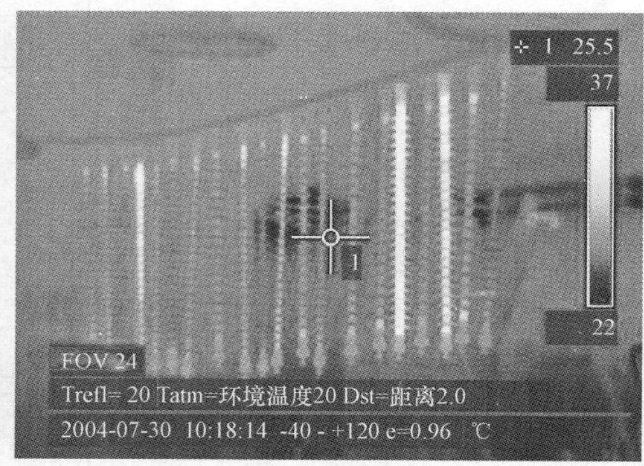

图5－11　红外成像技术监测复合绝缘子温升试验情况

从发热情况来看：发热点主要集中在环氧玻璃纤维芯棒上，伞裙未发现发热现象；发热点都是从高压端向低压端发展，最高发热点均出现在端球头连接部；在同一批次的试品当中，横比温度上升的情况，发热最严重的温度差在30K以上。对温升较大的试品又进行了外观检查发现，温升较大复合绝缘子表面污秽十分严重，伞裙护套发黑，端部连接部位密封胶脱落，芯棒护套有破损现象。随后又进行多次正负极性陡波试验，发现有1支未能通过试验，发生了击穿。经检查发现是A厂早期产品，经长时间运行护套与伞裙之间产生了明显的缝隙，在陡波的冲击过程中因缝隙处场强的集中而造成了陡波试验击穿现象。下面对复合绝缘子的出现温升过高可能原因进行分析。

（1）芯棒与护套粘结不良存在气隙或者气泡，在电场激化作用下气泡内场强会更高，气泡击穿产生局部放电，局部放电致使护套绝缘老化，产生裂纹，在外部水、汽、酸的作用下，表面泄漏电流逐步增大，造成芯棒高压端部温升增大，如果这种现象继续发展最终会造成端部芯棒的内绝缘损坏，成导电状态，然后局部放电逐步向低压端部发展，直至整支复合绝缘子造成芯棒内击穿。

（2）复合绝缘子使用的芯棒是环氧树脂粘合玻璃纤维丝引拔棒，其质量与厂家所用树脂和玻璃纤维的质量关系很大，也与工艺有关。如果芯棒在制造过程中内脱模剂混合不均，或者模具精度不够，会造成玻璃丝与树脂界面有缺陷，芯棒表面“起皮”，这种界面缺陷同样会残留气泡，产生局部放电，引起发热。

（3）护套材料耐电场、耐老化能力不强，在强电场以及臭氧和酸性物质作用下，护套会加速老化，经长时间的运行芯棒护套会产生大量裂纹和缝隙，水汽慢慢侵入，造成局部放电，产生发热，进一步破坏护套与芯棒。

运行经验和研究表明：复合绝缘子相对悬式瓷、玻璃绝缘子而言，易遭受工频电弧损坏。表现为伞裙和护套粉化、蚀损和漏电起痕及碳化严重；芯棒暴露和机械强度下降。所以复合绝缘子需要在两端安装均压装置，使工频电弧飘离绝缘子表面。其次均压装置还应保护两端金属附件连接区不因漏电起痕及电蚀损导致密封性能破坏。为了达到此目的，复合绝缘子必须安装均压装置，其干弧距离小于相同结构高度的瓷、玻璃绝缘子串，无疑降低了电气绝缘强度。例如 110kV 复合绝缘子没有安装均压装置和安装了均压装置后，50%雷电冲击闪络特性对比试验结果见表 5－10。

表 5－10　110kV 复合绝缘子 50%雷电冲击闪络特性对比试验结果

结构	实测绝缘距离（mm）	闪络电压（kV）	降低幅值（%）
没有安装均压装置	1060	712.7	—
高压端安装均压装置	960	620	13.0
高低压端都安装均压装置	880	560	21.3

由表 5－10 可知，在高压端安装了均压装置后，雷电冲击闪络电压较无均压装置情况下有不同程度的降低，且随着均压装置的罩入深度的增加，绝缘距离有所减少，闪络电压降低幅度加大。当在绝缘子两端都装上均压装置后，雷电冲击闪络电压较高压端装上一个均压装置时的闪络电压值又要低了许多，最高降低幅值达 21.3%。50%雷电冲击闪络电压过低，对运行中的复合绝缘子来说是很不利的。

3. 评价结果

（1）红外成像技术对同一条件、同一批次的复合绝缘子温升很有效，当温差变化在 20K 以上的复合绝缘子进行外观检查时都能发现密封受损现象。

（2）挤包穿伞和套装灌胶两种生产工艺的复合绝缘子在这次工频耐受及温升试验中出现的异常情况较多，并且这两种生产工艺生产的产品目前在河南省运行较多，这一现象应引起运行部门的重视。

（3）从这次抽检试验结果来看，温升高的复合绝缘子其工频干耐受水平仍然较高，就目前情况看电气性能可以满足现场安全运行的要求，但这种情况是影响河南省复合绝缘子安全稳定运行的一个隐患。

（4）建议对新建工程和技改项目暂停选用挤包穿伞式工艺生产的复合绝缘子，选用整体注射或分段注射成型的复合绝缘子。

（5）广东省的运行实践经验表明，复合绝缘子红外测温方法是检测运行中复合绝缘子界面的发热，预防内绝缘丧失造成的内击穿事故发生的一种有效的方法。建议把红外测温方法在日常检测工作要制度化，对于挂网运行在 5 年以上的复合绝缘子，建议各运行单位根据自己的运行情况每年按不少于 5%的比例进行红外测温，如果发现异常，宜进行登杆红外检测，并加大检测的比例。

从运行情况来看，复合绝缘子运行情况总体上良好，尤其是在防止污闪事故发生方面经受住了考验，但是发生的一些事故和异常情况就其性质而言，有的还是相当严重的，因此不可忽视和掉以轻心。从发生事故的原因来看，不明原因造成的复合绝缘子闪络、鸟害闪络和内部击穿闪络所引发的事故和故障比例较大，占到了复合绝缘子故障总数的 74%。其他原因，如污闪，雷击和覆冰等原因造成的闪络也有发生。从运行年限来看，复合绝缘子老化程度随运行时间的增长而增加，运行年限超过 10 年的复合绝缘子伞裙护套经外观检查老化比较严重，近 5 年挂网运行的复合绝缘子情况较好；另外，不同厂家的产品随运行情况老化的程度也不尽相同。选用纯硅橡胶的含量大于 40%，填充的氢氧化铝微粉含量小于 40%配方的复合绝缘子可以有效地防止复合绝缘子老化。另外复合绝缘子经过长期的运行以后，其憎水性和憎水迁移性都有不同程度的下降，运行时间越长，挂网运行外界环境越恶劣，憎水性和憎水迁移性下降越多。从抽检的情况来看，被试品的憎水性普遍达到了 HC4 级以上，但也出现了部分厂家运行两年的产品憎水性达到 HC6 级的个体，这对入网绝缘子的检验提出了更高的要求。挤包穿伞和套装灌胶两种生产工艺的复合绝缘子在这次工频耐受及温升试验中出现的异常情况较多，这一现象应引起运行部门的重视。建议对新建工程和技改项目积极选用整体注射或分段注射成型的复合绝缘子。由于复合绝缘子的有效绝缘距离短，因此造成了复合绝缘子耐雷水平较瓷串低。为保护绝缘子不受电弧闪络烧伤，最好在绝缘子两端都安装均压环，虽然会增加雷击闪络跳闸，但重合成功率很高。为提高复合绝缘子的耐雷水平，在雷击多发区应适当增加复合绝缘子干弧距离。红外成像技术对同一条件、同一批次的复合绝缘子温升很有效，当温差变化在 20K 以上的复合绝缘子进行外观检查时能发现密封受损现象。某省的运行实践经验表明，复合绝缘子红外测温方法是检测运行中复合绝缘子界面的发热、预防内绝缘丧失造成的内击穿事故发生的一种有效的方法。

第三节 复合绝缘子的使用

一、厂家选择、订货及验收

订货前了解考察所选厂家产品的结构特点，例如采用的是那一种生产工艺、端部连接结构采用何种形式、芯棒采用什么材质、有何创新点等。原则优先选用工艺先进、质量保证的产品，同时还要兼顾使用地区的特点。采用新型产品时，订货前核定新产品批量投入现场运行前，试运行时间不少于 2 年。

订货时要提出所选用产品的技术参数，主要包括以下几个方面：型号、额定电压、额定机械负荷、干弧距离、爬电距离、爬电系数、伞裙形状、伞间最小距离、安装高度、均压装置等。关于技术参数的选择原则，参照 DL/T 1000.3—2015《标称电压高于 1000V 架空线路用绝缘子使用导则 第 3 部分：交流系统用棒形悬式复合绝缘子》的规定，同时还要综合考虑本地区的运行环境的特点进行选择。对于对海拔有特殊要求、多雷地区、覆冰地区，产品技术参数由双方共同协商解决。

订货时要严格按照国家规定的招投标规定严格执行，订货合同应真实、明确。制造厂有义务向试运行单位提供样品的型式试验报告及产品的出厂检验报告，介绍本厂的设备、管理及质量保证体系和技术水平等情况，并要确认完善的售后产品服务体系。

用户应组织技术人员（或委托专业机构）对绝缘子进行出厂验收。内容包括：核对每批产品的检查合格证；按照产品标准审查每批产品的全部、逐个、抽样试验报告和有关技术资料；按照产品包装标准和合同要求检查产品的包装和储存；装箱单与附件的一致性；安装说明书等。绝缘子包装件运至施工现场，施工单位必须认真检查运输和装卸过程中包装件是否完好。绝缘子现场储存应符合 JB/T 9673—1999《绝缘子产品包装》有关条款的规定。对已破损包装件内的绝缘子应另行储存，以待检查。绝缘子现场开箱检验时，施工单位必须按照标准和合同规定的有关外观检查标准，对绝缘子进行外观检查。如发现因包装不良或装卸不当而造成运途绝缘子损坏时，应要求厂家重新发货。并且施工单位应就上述绝缘子损坏向有关责任者提出索赔要求。当用户对厂家设备型式报告、技术文件及验收过程中出现的产品质量有异议时，可以要求厂家进行抽样试验和部分型式试验，或者是双方协商增加试验项目，试验标准依据 GB/T 19519—2014《标称电压高于 1000V 的交流架空线路用复合绝缘子定义、试验方法及验收准则》以及 DL/T 1000.3—2015 和 GB/T 21421.2—2014《标称电压高于 1000V 的架空线路专用复合绝缘子串元件　第 2 部分：尺寸与特性》进行。

二、运输和包装

订货合同中除必须要求制造厂按照 JB/T 9673—1999 的各项规定进行产品的包装、保管及储运外，还推荐复合绝缘子采用单支圆筒包装形式，内填松软填料，并且包装上应有防止鼠害和防止变形的措施，可参考图 5-12。复合绝缘子在运输和搬运过程中必须在包装完好的情况下进行。当复合绝缘子的长度超过运输车辆的车身时，应另外采取防止绝缘子变形的措施。搬运复合绝缘子的过程中，尤其是 220kV 电压等级及以上的产品时应平稳搬运，防止绝缘子挠度过大。

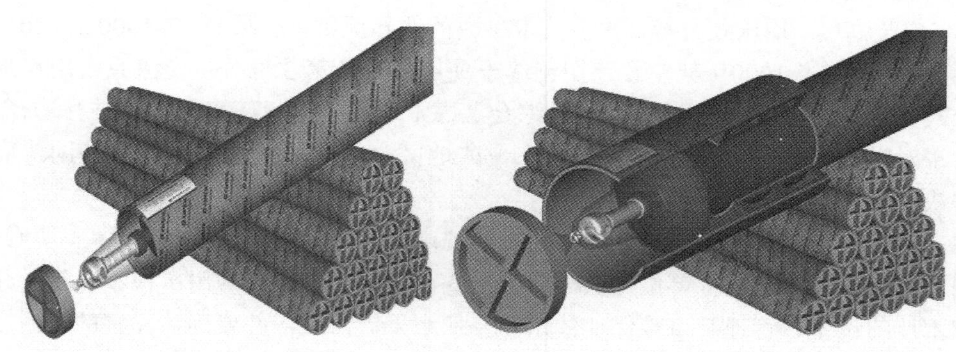

图 5-12　推荐采用的高强度圆筒包装形式

三、复合绝缘子安装

安装前应再次对复合绝缘子逐一进行外观检查，对伞裙撕裂、护套受损或端部密封损坏的绝缘子，严禁使用。安装过程中，应轻拿轻放，不可投掷，尽量避免与导线和铁器工具及坚硬物碰撞、摩擦。起吊复合绝缘子时，绳结应搭在金属附件上，禁止直接在伞套上绑扎，如果绳子触及伞套部分应用软布包裹保护。严禁攀登、脚踩复合绝缘子伞裙进行工作。安装 220kV 及以上的较长复合绝缘子时，应利用爬梯等辅助工具进行作业。正确安装均压环，注意安装到位，并调整环面与绝缘子轴线垂直；若均压环为开口型，注意两端开口应方向一致。

四、复合绝缘子的运行与维护

1. 运行维护要求

运行单位应建立复合绝缘子档案，档案包括制造厂、订货单位和施工单位提供的全部出厂试验报告（包括逐个、抽样及型式试验）、现场验收报告、耐压或绝缘测试记录。

做好运行复合绝缘子的运行统计工作，包括正常运行统计和异常统计两大类。加强日常巡视。结合线路检修，每2～3年选点登杆进行复合绝缘子检查。检查时禁止踩踏绝缘子伞套。在污染严重的地区如水泥厂、化肥厂附近，应加强巡视，周期至少每年一次。

对于清洁地区和一般污秽地区的绝缘子，当其表面的憎水性还未永久消失时，可以免清扫；当憎水性永久消失后，建议予以更换。当发现伞裙或护套受到损坏时，在确保安全的前提下最好登杆检查，如果发现危及芯棒时应立即停电更换。做好复合绝缘子防鸟害的措施，运行单位做好鸟害统计工作，包括统计分析鸟害发生的地域和气候特征、鸟害发生时间、鸟害涉及的杆塔、绝缘子类型和电压等级、引起跳闸的鸟类等。然后根据自身区域的特点采用有效的防鸟害措施。杆塔涂刷防锈漆时，应对绝缘子加以遮护，避免尤其滴落到绝缘子表面。运行中发生的任何闪络，不论重合是否成功，均应该引起重视，并做好闪络当日的气象条件、运行状况、现场观察记录，并上报主管部门。

2. 复合绝缘子现场检测“四步法”

复合绝缘子现场检测“四步法”为一看：外观检查、二测：红外测温、三掰：掰伞裙、四喷：测量憎水性。采用现场测试的“四步法”可以有效监测复合绝缘子的老化状态。抽检周期宜1～2年进行，对于重要联络线和重负荷线路应缩短检验周期。建议将“四步法”纳入复合绝缘子预防性试验规程。

（1）一看：外观检查。在雨、雾、露、雪及晴天气条件下绝缘子表面的放电及憎水性能的变化情况；伞裙护套表面是否有蚀损、漏电起痕、树枝状放电或电弧烧伤；伞裙与护套之间是否有脱胶现象；端部金具连接部分是否有明显的滑移，密封处是否脱胶；球头球窝金具是否有锈蚀现象，锁紧销是否缺少。对于检查情况应将检查结果记录存档。

（2）二测：红外测温。充分利用各单位现有的红外成像技术，检测跟踪发热异常的复合绝缘子，在日常检测工作中该项工作要制度化，对于挂网运行在5年以上的复合绝缘子，各运行单位根据自己的运行情况每年按不少于5%的比例进行红外测温，如果发现异常，宜进行登杆红外检测，并加大检测的比例。由于该种方法处于摸索阶段，各单位应采用横比（三相之间对比）以及纵比（杆塔之间对比）的方式进行。对于红外监测异常情况，各运行单位应及时上报省电力公司及省电力试验研究院。

（3）三掰：掰伞裙。将被试复合绝缘子伞裙用手向垂直与伞裙表面的方向上下掰动各 3 次，观察伞裙是否有破损，表面是否有裂纹，判断伞裙的老化状态：是否出现硬化、脆化、粉化、开裂等现象。在检查中，如果复合绝缘子出现了这些情况，就可以判断出现了老化失效或产品质量有问题。

（4）四喷：测量憎水性。结果的判定不以一次检测结果为依据，应综合多次测量结果进行判定。运行绝缘子的憎水性 HC 级规定为伞裙上表面测量值。若绝缘子伞裙下表面等值盐密大于 0.6mg/cm^2 时，应进行清扫、水冲。清扫、水冲后放置 96h 重测，若恢复至 HC5 级以上分级水平可继续运行，否则应退出运行。

抽检统计格式可参照表 5－11～表 5－14。

表 5－11　　复合绝缘子运行情况统计表

序号	线路编号及名称	电压等级（kV）	线路总长度（km）	总杆塔数（基）	装设复合绝缘子杆塔		所处污秽等级	所使用的复合绝缘子		投运时间	投运状况	备注
					起止编号	线路长度（km）		厂家名称	规格型号			

表 5－12　　复合绝缘子故障情况统计表

序号	故障时间（年、月、日、时、分）	天气状况	线路编号及名称	电压等级（kV）	所处污秽等级	污源性质	是否重合成功	故障简介	故障定性	停电时间	生产厂家	出厂年月	投运时间	本线路该型号使用数量	备注

表 5－13　　复合绝缘子现场检测情况统计表

序号	监测日期	天气情况	电压等级（kV）	线路名称	杆塔号	一看外观检查	二测横比温度（℃）	红外照片编号	三掰伞裙状态	四喷憎水等级	伞形工艺	投运时间	挂点污秽等级	污源性质	挂点地貌特征	同批挂网数量	备注

表 5－14　　复合绝缘子送（抽）检登记表

<table>
<tr><th rowspan="2">序号</th><th rowspan="2">送检单位</th><th rowspan="2">线路名称</th><th rowspan="2">电压等级（kV）</th><th rowspan="2">杆塔号</th><th rowspan="2">挂网时间</th><th rowspan="2">污秽等级</th><th colspan="3">复合绝缘子</th><th rowspan="2">该线路同批支路</th><th rowspan="2">本局同批支路</th><th rowspan="2">备注（送检原因）</th></tr>
<tr><th>厂家</th><th>型号</th><th>出厂编号</th></tr>
<tr><td></td><td></td><td></td><td></td><td></td><td></td><td></td><td></td><td></td><td></td><td></td><td></td><td></td></tr>
<tr><td></td><td></td><td></td><td></td><td></td><td></td><td></td><td></td><td></td><td></td><td></td><td></td><td></td></tr>
<tr><td></td><td></td><td></td><td></td><td></td><td></td><td></td><td></td><td></td><td></td><td></td><td></td><td></td></tr>
</table>

第四节　复合绝缘子性能检测典型案例

一、试验目的

对送检的某线路发热复合绝缘子进行检测和分析，见表 5－15。

表 5－15　　对送检某线路发热复合绝缘子的检测与分析

序号	试验内容	试验目的	样品数量（支）
1	外观检查	观察发热绝缘子表面是否存在雷击、穿孔、伞片开裂、护套裂纹等问题	5
2	盐密	测量发热绝缘子高、中、低压端盐密值	5
3	憎水性	判断发热绝缘子高、中、低压端憎水性	5
4	运行电压下红外、紫外检测	1）确定故障绝缘子发热位置、电晕放电情况，比较不同观测角度下的发热变化； 2）观察受潮后绝缘子发热、表面电晕放电情况； 3）反向加电压研究电场强度对发热、电晕放电的影响	5
5	额定机械拉力	检测发热绝缘子机械强度	5

二、被试设备基本参数

被试设备基本参数见表 5－16。

表 5－16　　被试设备基本参数

序号	生产厂家	型号	生产日期	产品编号
1	—	额定电压：500kV 额定负荷：180kN	—	—
2	—	FXBW4－500/180	—	—

续表

序号	生产厂家	型号	生产日期	产品编号
3	—	额定电压：500kV 额定负荷：180kN	—	—
4	—	FXBW4－500/180	—	—
5	—	FXBW4－500/180	—	—

三、外观检查

（1）样品1：在样品×××高压侧发现1～6伞间护套表面有纵向裂纹，共计18条，如图5－13所示。发现样品高压侧硅橡胶硬度明显大于中部和低压侧硅橡胶样品，高压侧硅橡胶变硬变黑，表面粉化现象明显。低压侧和中部硅橡胶颜色与新绝缘子接近，粉化程度较小。高压侧的积污程度比中部和低压侧重。

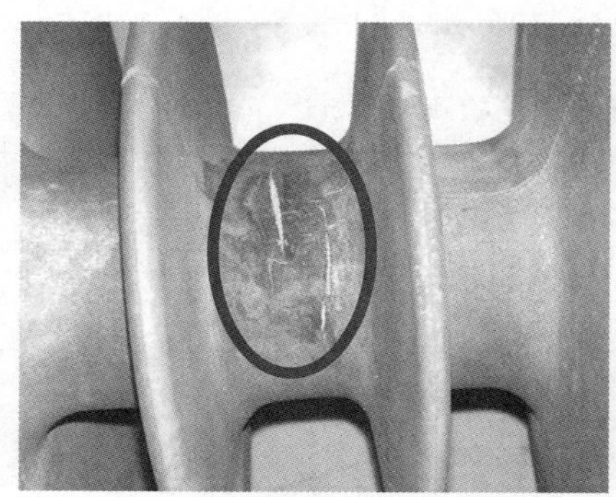

第1～2片伞

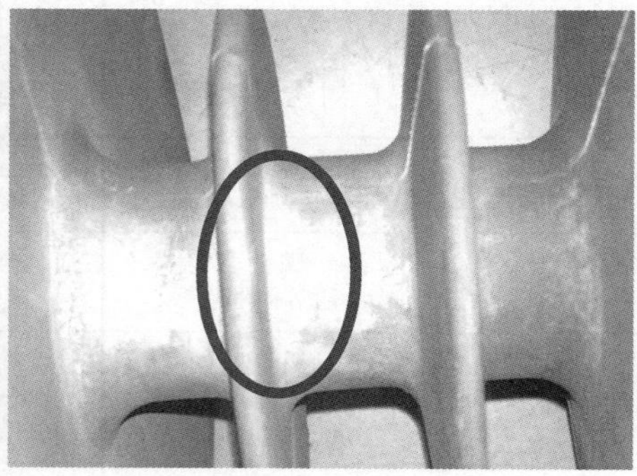

第2～3片伞

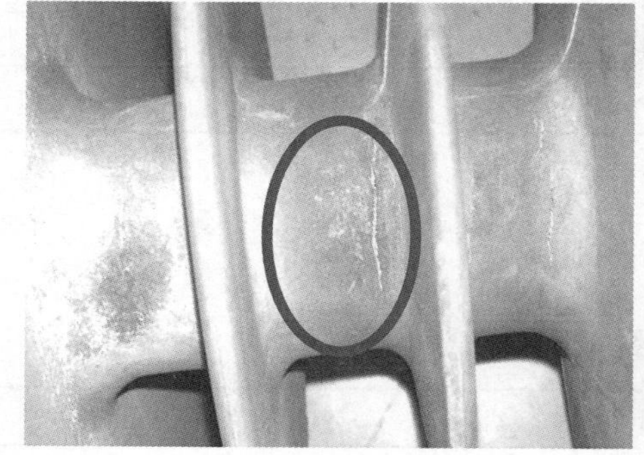

第3～4片伞

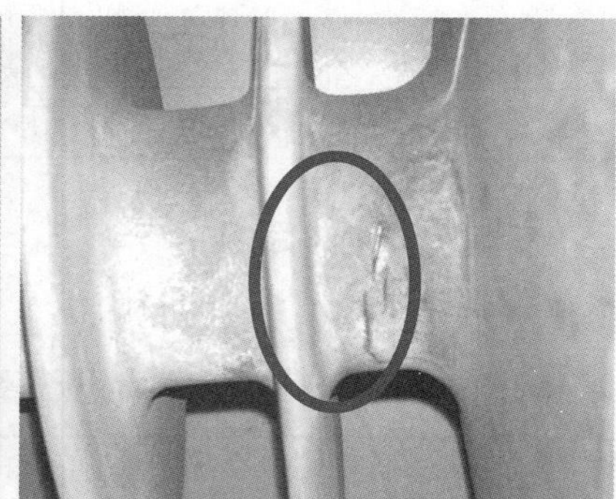

第4～5片伞

图5－13　样品1外观检查（一）

第5～6片伞

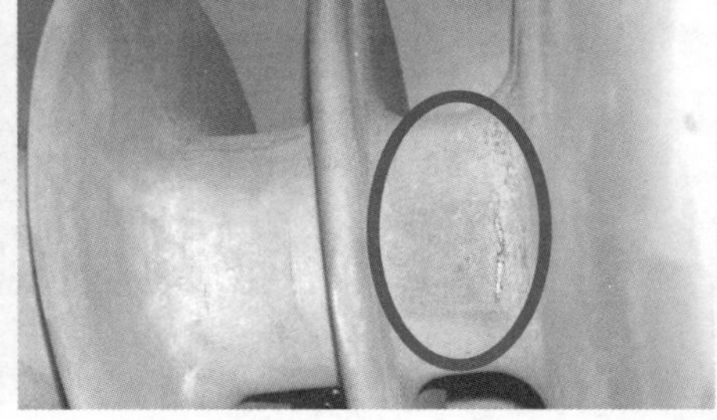

第6～7片伞

图 5－13 样品1外观检查（二）

（2）样品 2：××厂家的绝缘子样品高压侧硅橡胶也有粉化现象，掰折伞片会发现细微的龟裂纹，如图 5－14 所示。高压侧的积污程度比中部和低压侧重。

图 5－14 样品2伞片上皱纹

（3）样品 3：样品高压侧硅橡胶无粉化现象，掰折伞片没有发现细微的龟裂纹，高压侧的积污程度比中部和低压侧重，如图 5－15、图 5－16 所示。

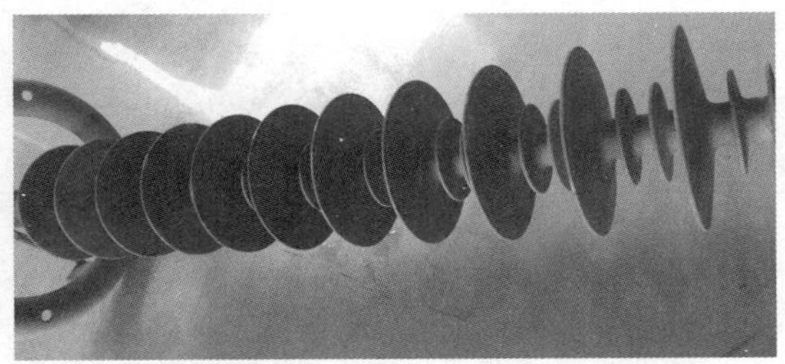

图 5－15 样品3高压侧的积污程度

图 5-16　样品 3 中部和低压侧积污程度

（4）样品 4：绝缘子样品高压侧硅橡胶无粉化现象，掰折伞片没有发现细微的龟裂纹，高压侧的积污程度比中部和低压侧重，如图 5-17、图 5-18 所示。

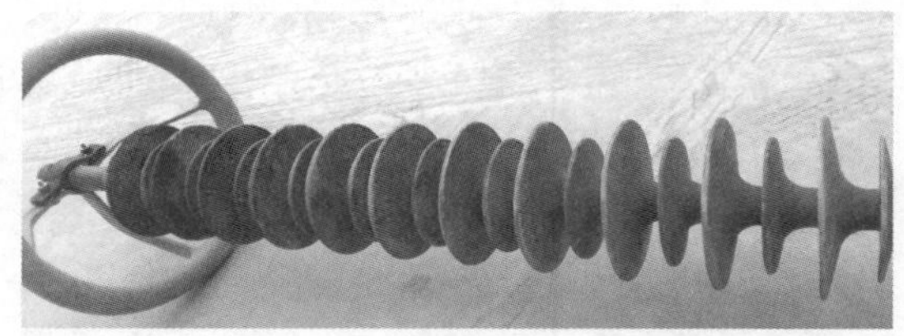

图 5-17　样品 4 高压侧的积污程度

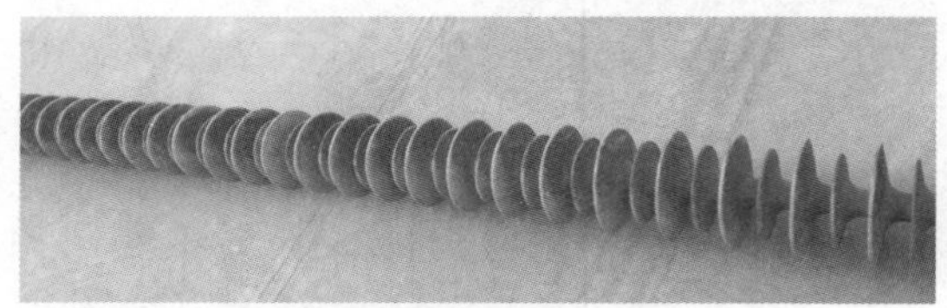

图 5-18　样品 4 中部和低压侧积污程度

（5）样品 5：绝缘子样品高压侧硅橡胶无粉化现象，掰折伞片没有发现细微的龟裂纹，高压侧的积污程度比中部和低压侧重，如图 5-19、图 5-20 所示。

图 5-19　样品 5 高压侧的积污程度

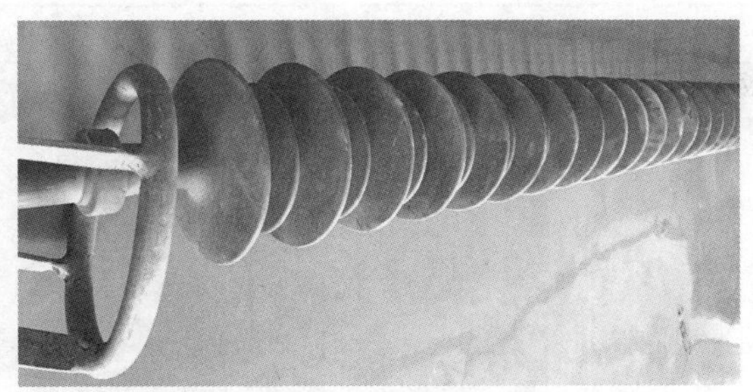

图 5－20　样品 5 中部和低压侧积污程度

四、盐密测试

每只样品从上、中、下三个部位选择上、下表面，测量其上、下表面的等值盐密，某样品的测量结果见表 5－17。

表 5－17　　某样品的测量结果（环境温度：10℃，RH：27%）

序号	测量位置	等值盐密（mg/cm^2）
上部	上表面	0.020
	下表面	0.018
中部	上表面	0.011
	下表面	0.018
下部	上表面	0.020
	下表面	0.029
	下表面	0.071

五、憎水性

用喷水分级法（HC 法），喷水设备喷嘴距试品 25cm，每秒喷水 1 次，共 5 次，喷水后表面应有水分流下，喷射方向尽可能垂直于试品表面，憎水性分级的 HC 值的读取应在喷水结束后 30s 以内完成。试品与水平面呈 20°～30°左右倾角。

部分复合绝缘子憎水性结果见表 5－18。

表 5-18　部分复合绝缘子憎水性结果（环境温度：10℃，RH：27%）

序号	测试部位	憎　水　性	憎水性分级
1	低压端 第 9 大伞		HC4 - HC5
	高压端 第 13 大伞		HC5 - HC6
	高压端 第 1 大伞		HC5 - HC6
2	低压端 第 6 大伞		HC3 - HC4

续表

序号	测试部位	憎　水　性	憎水性分级
2	高压端 第7大伞		HC5－ HC6
	高压端 第1大伞		HC5－ HC6

六、红外、紫外检测

对两只试品施加运行电压316kV，时间维持2h，分别进行干燥、湿润两种状态下的加压试验。

1. 干燥状态加压试验

（1）样品1：在7～8伞、10～12伞间有两处集中发热，图5－21中温度最高处达到了34.1℃，温升21.3℃。在干燥状态下加压时，绝缘子发热处9～11伞间外部有紫外光子数较多的情况，光子数达到1140，见图5－22。

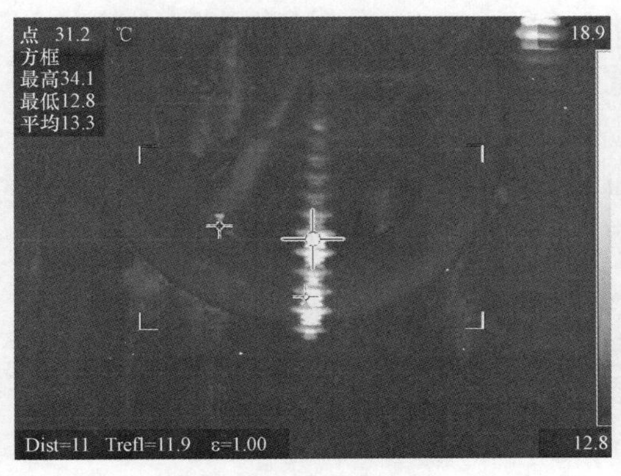

图5－21　干燥情况下绝缘子发热

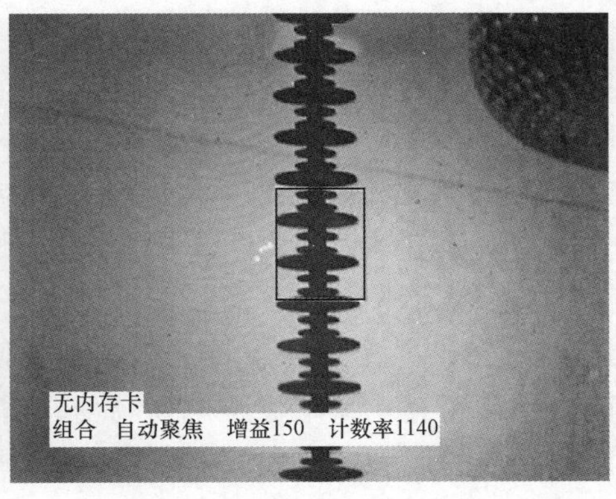

图5－22　干燥时的高电压下紫外记录

（2）样品 2：高压端部护套上（第 1 组伞）和 7～9 伞裙处有较强的发热（见图 5－23），前者温度最高 57℃，后者温度 44℃，在干燥情况下，紫外仪图像上并没有观察到明显的电晕放电。

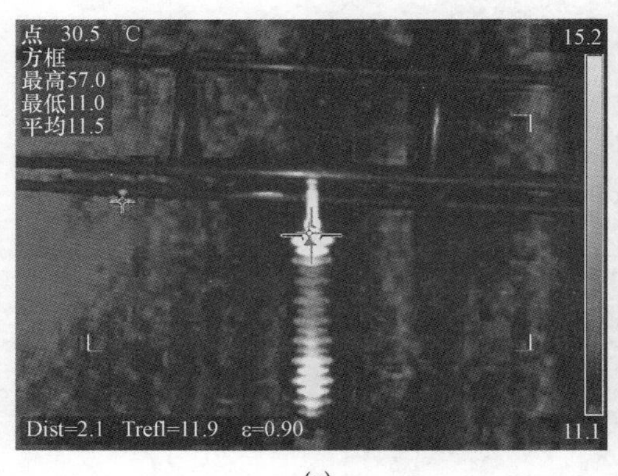

(a)

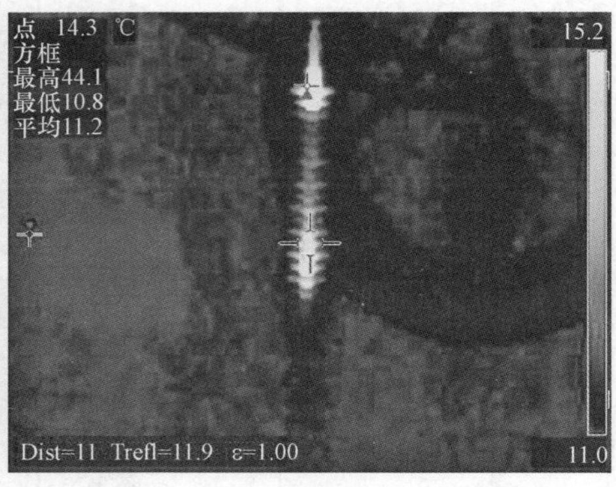

(b)

图 5－23　干燥情况下绝缘子发热图

（a）第 1 组伞发热情况；（b）7～9 伞裙处发热情况

分析认为：两个绝缘子发热位置的伞裙和护套都没有破裂，对比其盐密测试结果，发热位置与盐密值高低无明显对应关系。

原因可能是内部芯棒有酥朽蚀损，出现了气隙或芯棒表面变性的问题，导致该处的材料介电常数变化，使绝缘子内部及护套附近局部场强集中，空气发生局部电离，存在正负粒子的激发和复合，出现电晕放电现象。同时，在绝缘子护套有裂纹处，没有观察到明显发热现象，需要结合解剖及材料试验进行分析。

2. 表面湿润后加压试验

为研究绝缘子受潮后的发热及表面电晕放电的变化情况，用喷壶在绝缘子表面均匀喷洒水雾，所喷水量使绝缘子表面充分湿润，又不使污秽流失。喷水后对绝缘子加高压观察红外、紫外图像。

（1）样品 1：在表面喷水后，温升位置及温升数值与干燥情况下相近。绝缘子受潮后放电噪声增大，并且紫外光子数最大达到 15 000，见图 5－24。

在绝缘子表面喷水后，高压端部护套处观察到了较明显的电晕放电，光子数达到 2150，见图 5－25，推测表面水分使得局部电场强度增大，造成了电晕放电。而内部是否存在缺陷导致电场畸变，需要进一步结合材料解剖后进行判断。

（2）样品 2：在表面喷水后，温升位置及温升数值与干燥情况下相近。紫外检测仅在高压侧有轻微的电晕放电。

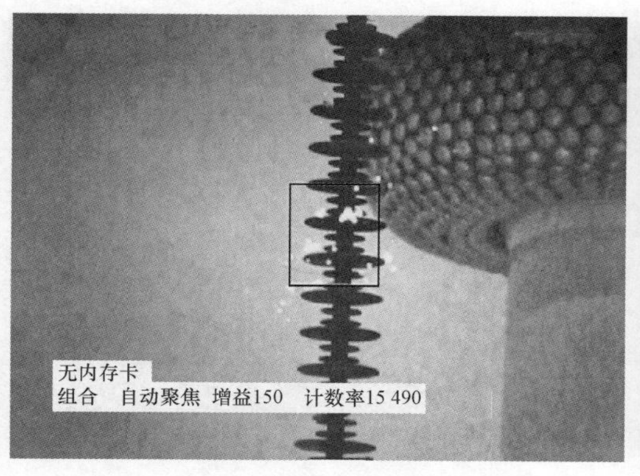

图 5－24　表面受潮后的紫外记录

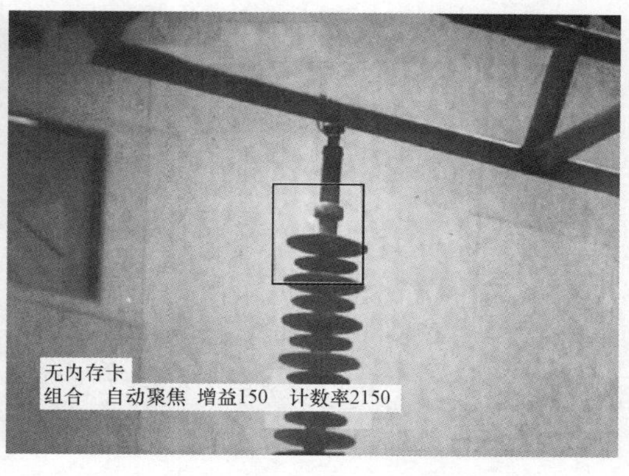

图 5－25　球头端部紫外放电

分析：绝缘子在硅橡胶表面有水珠时，护套表面局部电场进一步增大，使得电晕放电更强烈。

3. 反向加高压试验

为验证电场强度对绝缘子发热的影响，把绝缘子倒挂，在球窝处加高电压，使绝缘子球窝端场强较高，观测发热现象。

（1）样品 1：观察到高压侧 7～8、9～11 伞处有轻微的发热，温度最高处比最低处高 3.9℃，见图 5－26。紫外仪未观察到明显的放电现象。

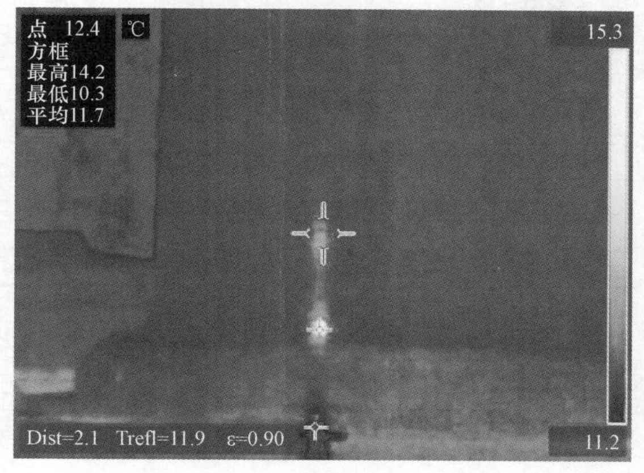

图 5－26　反向加高压红外图

（2）样品 2：观察到球头端有轻微发热，温度最高处比最低处高 3.2℃。此外，在球窝处有轻微发热，温度最高处比最低处高 2.5℃，见图 5－27。紫外仪未观察到明显的放电现象。

分析：由于反向加高压时，原本绝缘子存在缺陷的位置处电场强度降低，因此缓解了局部放电等现象，减轻了发热与电晕放电程度。

4. 不同角度观测温升

试验时从不同角度记录绝缘子发热的情况，以判断绝缘子的缺陷位置是否存在不同。分别从绝缘子的正前、正左、正后、正右方记录，得到两支绝缘子的温升情况见表 5－19，表中温升值为绝缘子上发热处与环境温度的差值。

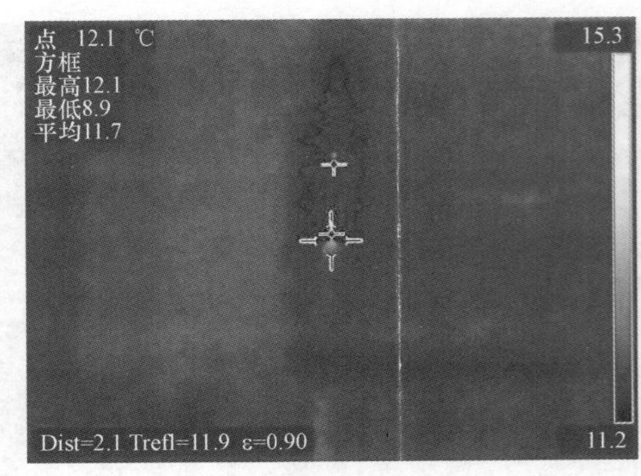

(a)

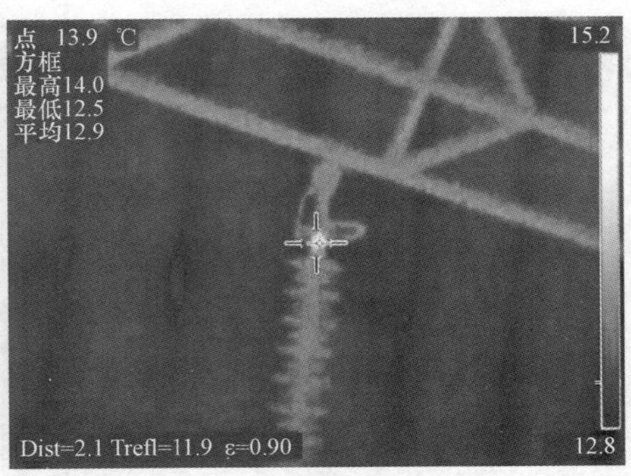

(b)

图 5-27 反向加高压红外图

(a) 球头轻微发热；(b) 球窝轻微发热

表 5-19 不同角度温升记录

角度	温升（℃）			
	样品 1		样品 2	
	7～8 伞	9～11 伞	球头端护套	7～8 伞
正前（0°）	17.7	17.9	34.7	13.0
正左（90°）	21.1	22.4	27.8	10.4
正后（180°）	20.3	21.6	35.6	13.6
正右（270°）	16.4	19.0	39.4	27.0

从表 5-19 中看出，样品 1 绝缘子在正左、正右处的温升高于其他角度的；球头端护套处在正右、正前、正后方位的温升高于正左方，样品 2 绝缘子 7～8 伞处在正右方的温升高于其他角度。由于温升是由绝缘子局部放电等过程产生的，温升处与内部缺陷位置对应，因此绝缘子的内部缺陷分布在一侧。

七、额定拉力试验

试验时分别快速升高至额定载荷 180kN，维持 1min。某样品 1 绝缘子在加载荷到 140kN 时 9～17 伞间多处护套破裂，可看到内部芯棒，已经无法满足额定载荷要求。拉力试验后绝缘子如图 5-28 所示，上面已经弯折的为样品 1 绝缘子。

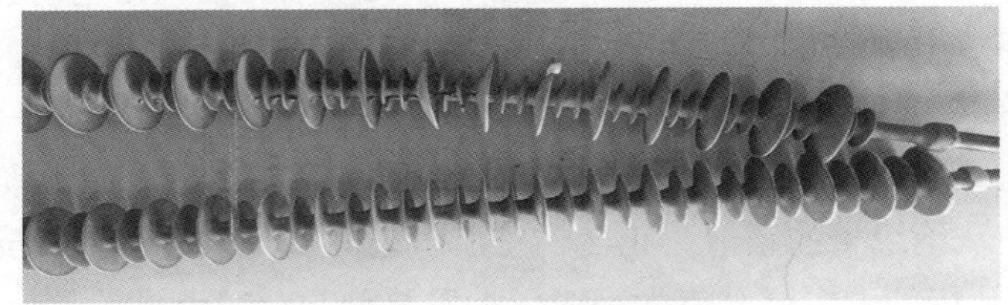

图 5-28 样品 1 拉力试验后绝缘子

绝缘子在拉力 140kN 时，试验结果如图 5－29 所示。

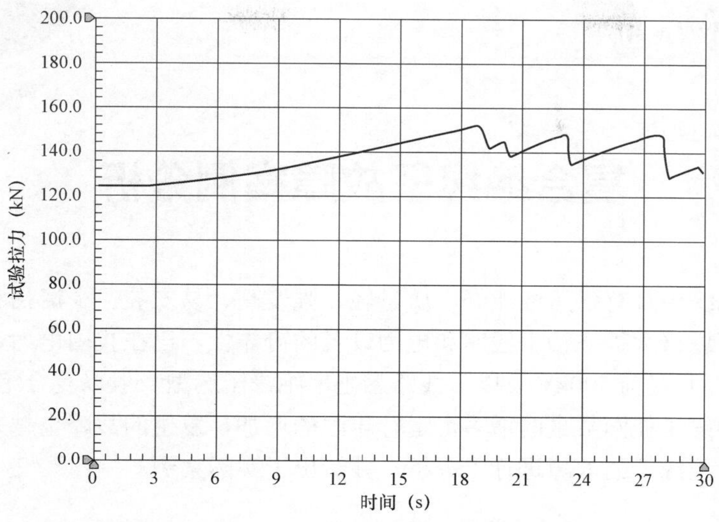

图 5－29　样品 1 绝缘子拉力试验结果

某样品 2 绝缘子拉力试验结果满足标准的要求，试验数据如图 5－30 所示。

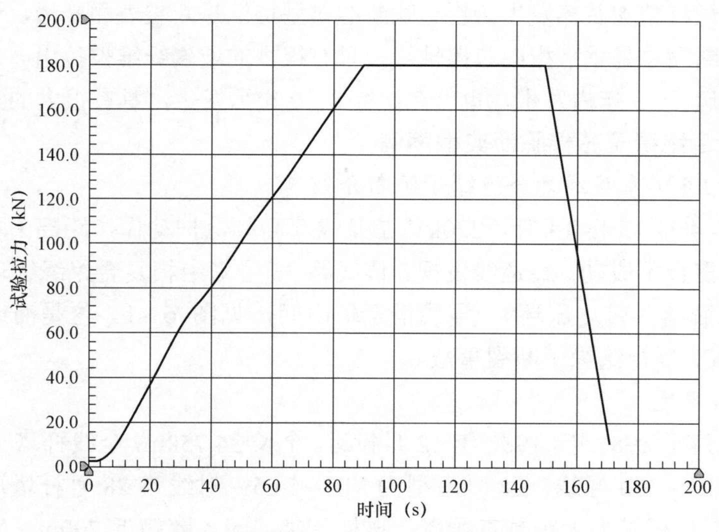

图 5－30　样品 2 绝缘子拉力试验结果

第六章

复合绝缘子故障案例分析

复合绝缘子具有耐污性能好、质量轻、强度高、易安装、少清扫和无需零测等优点，可以极大提高输电线路和电力设备的可靠性，已在我国电力系统中得到了广泛的使用。目前500kV及以下线路悬垂串绝缘子选型一般以复合绝缘子为主，随着复合绝缘子挂网数量的增多，运行年限的增加，发生的故障也越来越多。本章针对复合绝缘子的故障进行了分析，并给出了实际案例。

第一节　复合绝缘子芯棒脆断案例分析

复合绝缘子脆断是指芯棒玻璃纤维受到酸液侵蚀，在很低的载荷下芯棒纤维逐渐断裂，最终整支芯棒发生断裂。脆断的典型特征是断裂表面光滑，无任何有机物残渣，其断面总是垂直指向芯棒轴线，只有很少的玻璃纤维被拉出。复合绝缘子脆断可在投运1～3年内发生，也可在运行8～9年后发生，具有很大的随机性。

一、复合绝缘子芯棒脆断典型案例

（一）220kV左龙线复合绝缘子脆断介绍

2006年4月15日14时，220kV左龙线双高频保护动作，距离I段保护动作出口跳闸，重合不成功。经巡线发现，该线路28号塔中相复合绝缘子球头内芯棒断裂，球头脱落（带均压环），导线搭至塔中间，见图6－1。这是河南省发生的第一起220kV复合绝缘子断裂事故。

1. 线路概况

左龙线建于1981年，1982年12月投运。全长34.75km，全线杆塔103基，1～95号为LGJQ－300导线，28号塔型为MZ－54.5。对线路28号杆塔现场调查，发现28～29号杆塔为大跨越直线塔，该档跨越河流，跨距近700m。发生故障的复合绝缘子端部为内锲式，见图6－2。

图 6－1　复合绝缘子芯棒断裂图

图 6－2　复合绝缘子芯棒端部断裂图

2. 拉力抽检试验

更换线路跨越 28～29 号杆塔剩余的 5 支复合绝缘子（额定拉力为 100kN），并进行拉力试验，结果见表 6－1。

表 6－1　　故障跨越档距复合绝缘子拉力试验结果

杆塔号	出厂编号	拉力破坏值（kN）
28	C00072063	100
28	99125135	115（耐受 1min、100kN 后）
29	C00062115	101（耐受 1min、100kN 后）
29	99123077	92
29	99125146	107（耐受 1min、100kN 后）

试验结果表明，5 支复合绝缘子符合 DL/T 1000.3—2015 的有关规定。对该线路其他杆塔剩余同批次抽检 6 支复合绝缘子（额定拉力为 100kN）进行拉力试验，试验结果符合相关规定。

3. 事故分析

发生故障的复合绝缘子为内锲式，见图 6－3。工艺可能存在制造缺陷（例如端部密封不良，潮气进入芯棒等）是此次事故的主要原因。

图 6－3（a）中，左边为发生事故的绝缘子球头，内腔有明显锈迹，右边为同塔复合绝缘子拉力试验后的内腔图，内腔没有锈迹。图 6－3（b）为复合绝缘子芯棒断裂面，断口光滑平整。断裂的绝缘子无电弧灼伤和放电痕迹，护套和伞裙无老化变硬迹象。伞裙污秽不严重，断裂面位于高压端金具内腔中，高压端球头金具与芯棒断裂处的界面有锈迹。

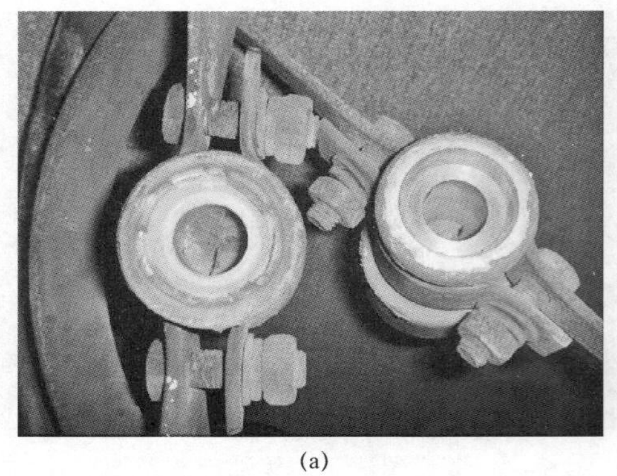
(a)

(b)

图 6-3　绝缘子金具对比及芯棒断裂面

（a）金具对比图；（b）芯棒断裂面

根据拉力抽检试验得出，内楔式复合绝缘子在长期较大机械负荷拉力（约为正常档距拉力的 2 倍）下，机械性能下降较快，造成大跨越档距复合绝缘子拉伸强度下降较快，加上绝缘子在微酸性水分腐蚀下部分纤维变脆，最终导致芯棒断裂。

（二）220kV 首常线复合绝缘子脆断介绍

2007 年 3 月 8 日 19 时，220kV 首常线双高频保护动作，线路跳闸，重合不成功。巡视发现该线路 54 号 A 相复合绝缘子芯棒自导线侧均压环处断开，导线落地。根据断开情况，确定绝缘子断裂属于脆断。

1. 首常线概况

首常线建于 1988 年，1989 年 12 投运。线路长 22.5km，其中 54 号为 ZK-25 塔，53～54 号和 54～55 号档距属于大跨越档距。

图 6-4　首常线 54 号复合绝缘子脆断图片

2. 事故分析

事故现场分析发现，芯棒脆断发生在绝缘子的高压端，端口垂直于芯棒轴线，断口大部分光滑平整，复合绝缘子采用内锲式连接工艺、室温硫化硅橡胶封堵，其芯棒为普通芯棒。发生断串的档距接近 700m，属于大档距，在绝缘子端部断裂金具内部都有锈蚀痕迹，见图 6-4。

（三）500kV 嵩郑线复合绝缘子脆断介绍

2014 年 7 月 29 日 21 时，500kV 嵩郑线发生跳闸，重合不成功。经巡视发现，线路 69 号杆 C 相绝缘子断裂，导线掉落过程中与 B 相发生相间故障。7 月 31 日 9 时嵩郑线再次跳闸，重合不成功。巡视发现，线路 64 号杆 A 相绝缘子断裂，导线掉落至 C 相横担导致跳闸。

现场检查发现，故障绝缘子的芯棒在高压端处断裂，断面较为规整，芯棒从金具中断裂抽出，金具中残留的芯棒发脆变碎，金具内壁锈蚀严重，见图 6–5。

图 6–5　嵩郑线脆断绝缘子

两次断裂的绝缘子均为同厂家、同型号、同批次产品，采用内楔式连接工艺，端部密封采用手工涂抹室温硫化硅橡胶方式，芯棒为普通型芯棒。2001 年挂网使用，已运行 14 年，是河南 500kV 电网目前运行时间最长的复合绝缘子。

绝缘子断串有内、外两方面因素。内因：在紧靠芯棒侧的金具内壁上有铁锈痕迹，说明这支绝缘子的端部密封已经失效，外部潮气进入，长期的高场强作用过程后，芯棒在应力和酸蚀的共同作用下导致脆断。外因：两次故障位于相同区段，地点相距 4 基杆塔，故障时间相距 36h，特征相同，均为绝缘子断裂，故障直接原因为绝缘子在遭受强风作用后受损，强度降低，引发断裂事故。

二、复合绝缘子芯棒脆断分析与建议措施

（一）脆断现象的主要特点

国内电网发生的复合绝缘子脆断现象主要有以下几个特点：

（1）脆断往往发生在复合绝缘子场强集中的高压端，如某起脆断事故是因为均压环装反导致绝缘子很快发生脆断。放电可能是导致脆断的主要原因，可以通过改变均压环的设计使得复合绝缘子端部场强尽可能均匀，从而降低脆断发生的

可能性。

（2）发生脆断的复合绝缘子一般都存在护套或者端部密封破损的情况。脆断绝缘子由于端部密封不严造成水分侵入进而导致了脆断，其高压端金具与断裂面之间有水渗透的痕迹，金具也有锈蚀痕迹。老式复合绝缘子端部多使用室温硫化硅橡胶，其耐电蚀和老化性能均比高温硫化硅橡胶差，在长时间的运行中可能会因为放电、老化等原因产生破损从而导致水分的侵入。现在很多厂家对端部密封也采用了应用于护套、伞裙的高温硫化硅橡胶，并对端部加强了密封设计，能够很好的降低脆断发生的几率。

（3）目前所有脆断均发生在 E 纤维制成的普通芯棒上。新研制的无硼纤维（ECR）耐酸芯棒具有比普通芯棒更好的耐酸性能，因此可以大大降低脆断发生的可能性。但不是所有 ECR 纤维芯棒都具有很好的耐酸性能，所以应选用耐应力腐蚀性能较好的耐酸芯棒。

（二）建议措施

（1）复合绝缘子脆断可以采取相应措施减少事故的发生。国家电网公司生输配〔2006〕68 号文《关于印发 500kV 线路复合绝缘子断串技术分析会议纪要的通知》建议：采用压接式等连接工艺先进的产品，采用耐酸芯棒复合绝缘子，复合绝缘子端部应采用高温硫化硅橡胶和多层密封工艺，开展挂网复合绝缘子现状调查和加强巡视。

（2）对于大档距、高落差、重要跨越点和重要线路进行单串改双串工作。对于大跨越线路段，全部采用双悬垂串、V 形串或八字形串绝缘子，并尽可能采用双独立挂点。

（3）复合绝缘子脆断属于偶发性事故，应结合绝缘子具体使用年限、运行情况以及抽检情况，逐步替换早期老型号的复合绝缘子。

第二节　复合绝缘子内击穿案例分析

一、复合绝缘子内击穿典型案例

内击穿（也叫界面击穿）的复合绝缘子占电气损坏复合绝缘子总数的 2/3，早期这种现象多发生在雷击情况下，尤其是采用灌胶、挤包工艺的悬式产品和 110kV 的横担产品。近年来，挤压穿伞和整体注塑的复合绝缘子也多次发生内击穿现象，比较严重的事例有 500kV 某线路 4 支复合绝缘子在运行中断裂，并有多支复合绝缘子的内绝缘被击穿。该批绝缘子使用时间不到2.5年，典型烧蚀情况如图6－6、图6－7所示。

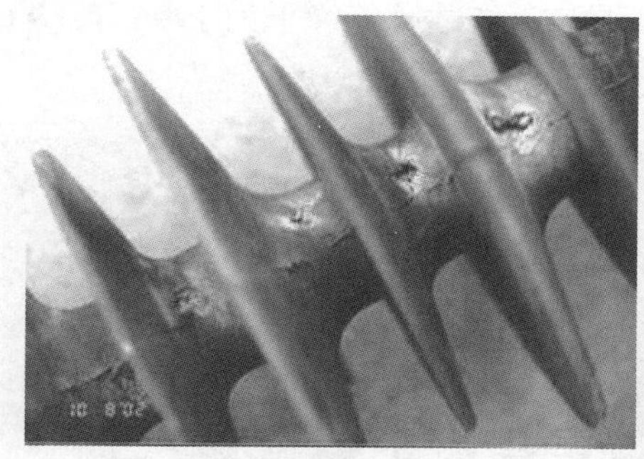

图6－6　500kV线路复合绝缘子在现场运行时的烧蚀情况

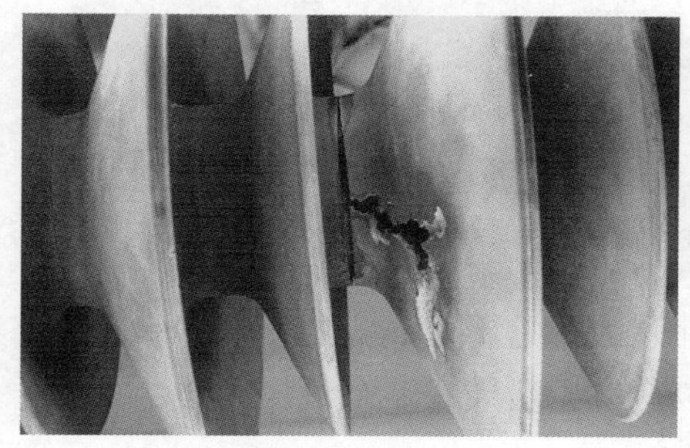
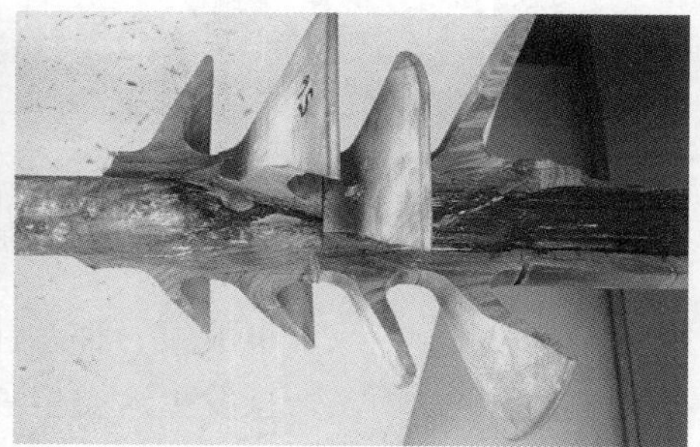

图6－7　内击穿后复合绝缘子照片

从图6－7中可以看出芯棒沿轴向炸成贯穿的两半，局部段炸成多个部分，击穿面大面积烧黑，击穿面邻近的芯棒部分已呈疏松状。

事故发生后经检查发现在换下的绝缘子中有不少产品存在护套与芯棒剥离现象。在对换下的其他试品进行水煮和陡波试验时，多支复合绝缘子的护套和杆径分离并发生了与现场相同的整支内击穿现象。

2012年3月21日15时，220kV某线路光纤差动、高频B相保护动作，重合不成功，跳三相，故障测距8.7km。

（一）线路基本情况

该220kV线路1997年12月投运，导线型号为2×LGJ－185/30型钢芯铝绞线，地线采用2根GJ－50镀锌钢绞线，直线串选用FXBW－220/10单串复合绝缘子，耐张串选用LXHY－10型玻璃绝缘子。线路全线长度10.65km，共有杆塔36基，其中铁塔21基，混凝土杆15基，沿线地形为平原。

（二）复合绝缘子故障分析

复合绝缘子沿芯棒放电（见图 6－8），是造成故障的主要原因。同时对非故障相 A、C 进行检查，A、C 相绝缘子无异常。该故障绝缘子为 1996 年 12 月份生产，基建时安装，楔形结构，挂网运行时间 14 年零 3 个月。

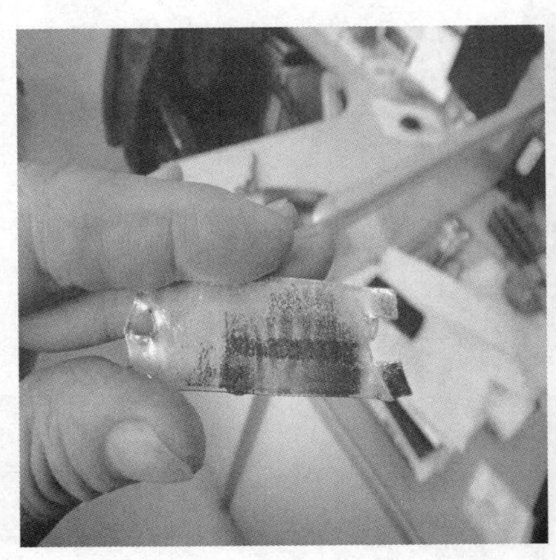

图 6－8　故障绝缘子照片

内击穿是复合绝缘子事故中一种恶性事故，它不像一般的复合绝缘子闪络事故一样可以重合成功，一旦发生这类事故，就会造成线路全线停运。

二、复合绝缘子内击穿分析与建议措施

（一）内击穿原因分析

复合绝缘子内击穿有两种可能：① 因绝缘子缺陷处的局部场强过高导致局部放电形成炭化通道，并逐渐发展成贯穿性击穿；② 护套或端部密封破坏，水分沿界面或芯棒的缺陷进入绝缘子内部，导致内击穿。

内击穿是一种渐进性的故障类型，从出现故障隐患到事故发生要经历很长一段时间。因此一方面在选用复合绝缘子上要严格把关，使用质量和工艺都优异的产品，另一方面一定要加强日常巡视，利用红外成像技术，检测跟踪发热异常的复合绝缘子，如果发现发热点温度持续升高或发热点转移，应立即采取其他相应的措施。

另外，复合绝缘子均压环设计不当也是造成内击穿的原因之一。图 6－9 中上面的绝缘子均压环设计有一定的罩入深度，下面的为发生内击穿的绝缘子，均压环设计没有罩入深度。均压环没有罩入深度，起不到均压效果，造成高压端场强集中，局部场强过高导致局部放电形成炭化通道，并逐渐发展成贯穿性击穿。

图 6-9 均压环对比图

棒形悬式复合绝缘子轴向电场分布是极不均匀的，采用合适的均压环可以很好地改善和均匀轴向电场。反之，均压环设计不当，均压环没有罩入深度，就无法起到良好的均压效果。

复合绝缘子内击穿通常是由于耦联剂使用不当或制作工艺存在缺陷从而引起界面局部粘接不实，使该处场强集中而导致放电，再加上界面耐电蚀能力较弱从而使得缺陷扩大而导致的。目前，国内的许多生产厂家不论采用挤包穿伞还是整体注射工艺，都采取了相应的控制措施以避免这种缺陷的产生，保证界面的粘结强度从而降低内击穿的可能性。

（二）建议措施

（1）复合绝缘子内击穿故障属于小概率事件，而且通常都是复合绝缘子内部（界面或芯棒）存在缺陷才可能发生内击穿。

（2）从统计情况来看，总体上复合绝缘子的应用是成功的，对防止电网污闪的作用是非常明显的。复合绝缘子跳闸大多可以重合闸，而且不可能发生类似大面积污闪事故的大面积跳闸情况。

（3）需要严格控制复合绝缘子质量，加强抽检试验分析工作，结合抽检试验中发现的问题，有针对性地开展更换工作。

第三节 复合绝缘子鸟啄案例分析

随着复合绝缘子的广泛使用，输电线路上的复合绝缘子经常出现被鸟啄食损伤的现象，通常所见的由于鸟啄而引发的复合绝缘子损伤包括如下类型：

（1）伞裙撕裂：鸟类啄食复合绝缘子伞裙，造成伞裙贯穿性通孔或者局部撕裂，大大减小复合绝缘子的爬电距离，影响复合绝缘子的外绝缘性能，典型状况见图 6－10。

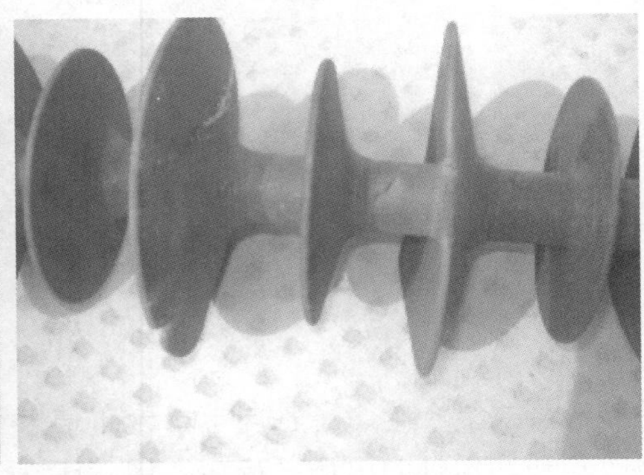

图 6－10　鸟啄引起伞裙撕裂典型状况

（2）护套磨损：鸟类啄食复合绝缘子护套，造成护套严重磨损，芯棒裸露，进而导致端部密封破坏。在雨天、雾天等高湿度气象条件下，暴露的芯棒与受潮的护套界面间易产生局部电弧放电，使芯棒产生电化学反应。严重条件下，容易发生脆断等恶性事故。相比伞裙撕裂而言，这种情况更加危险，需要严格防范。鸟啄引起护套磨损典型状况见图 6－11。

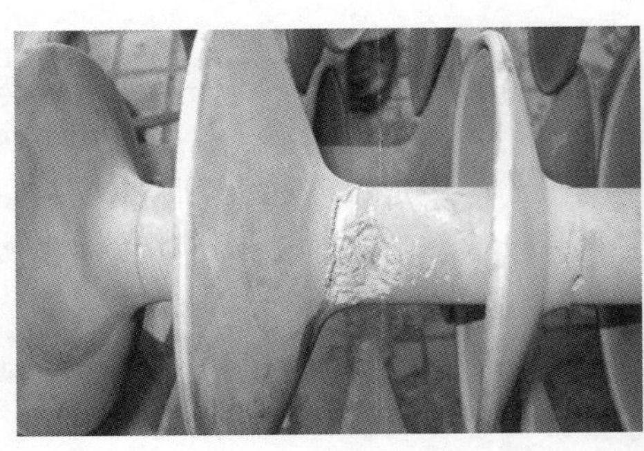
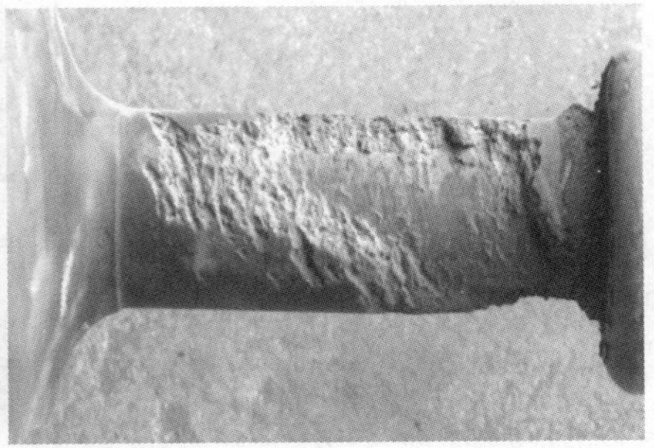

图 6－11　鸟啄引起护套磨损典型状况

一、复合绝缘子鸟啄典型案例

（一）超、特高压线路鸟啄情况收集

收集一些省份鸟啄情况调研的资料，得到一些超特高压鸟啄情况及规律：

（1）国网河北省电力公司在 2008 年 10 月发现 500kV 辛洹线 25 支复合绝缘

子存在不同程度鸟啄现象。2009 年 12 月，国网河北省电力公司在 500kV 沧板双回线验收工作中，发现 74 基铁塔的复合绝缘子均存在不同程度的鸟啄破损情况，破损部位多集中在复合绝缘子上端。现场鸟啄记录见图 6－12。

图 6－12　现场鸟啄记录

（2）山东省发生鸟啄故障的 500kV 线路复合绝缘子共 422 支，其中直线串 416 支，跳线串 6 支。

（3）浙江湖王 500kV 同塔双回输电线路 2004 年 12 月进行了竣工验收，消缺处理完毕后，未发现复合绝缘子有鸟啄现象。不带电状态搁置半年后，发现 38 号塔三相复合绝缘子（内侧串）均被鸟啄坏，42 号塔中相（外侧串）、下相（内、外二串）复合绝缘子被鸟啄坏。该线路附近生态环境较好，基本都是农田和桑地，周围有池塘，无污染源，留鸟较多，经常栖息。

（4）河南境内最早发生鸟啄绝缘子事件时间是 2006 年，线路是 500kV 洹获线，2014 年±800kV 天中线也发生鸟啄事件。2008～2014 年间，河南境内多次发生过鸟啄绝缘子的事件，由于处理及时，均未造成线路故障。从目前的情况看，

1000kV 线路遭受鸟啄最为严重，所以在停电检修期间需对线路绝缘子采取相关防护措施，防止被鸟类啄食。500kV 洹获线绝缘子被鸟啄食图片见图 6－13。

图 6－13　500kV 洹获线绝缘子被鸟啄食图片

1000kV 线路均发生过鸟啄复合绝缘子的情况。线路鸟啄的杆号基本覆盖全线，鸟啄区段既有山区丘陵，也有平原，没有固定规律。

500kV 发生过鸟啄复合绝缘子的线路有洹获线、陕瀛双回线和陕嘉Ⅱ线。其中洹获线共有直线复合绝缘子串 1819 串，鸟啄直线串有 34 串，比例 1.87%。线路遭受鸟啄的地区既有平原，也有丘陵，分布较散，无规律。

500kV 陕瀛Ⅰ线共有直线复合绝缘子串 1017 串，鸟啄直线串有 10 串，比例 0.98%；500kV 陕瀛Ⅱ线共有直线复合绝缘子串 1008 串，鸟啄直线串有 13 串，比例 1.3%。500kV 陕嘉Ⅱ线共有直线复合绝缘子串 1015 串，鸟啄直线串有 16 串，比例 1.6%。线路遭受鸟啄的地区主要为山区丘陵，杆位为 1～91 号，分布较散，无规律。

±800kV 天中线共有直线复合绝缘子串 1676 串，鸟啄直线串有 12 串，比例 0.72%。线路遭受鸟啄的地区主要为平原，杆号集中在 4134～4142 和 4170～4175 附近。±800kV 天中线绝缘子被鸟啄图片见图 6－14。

图 6－14　±800kV 天中线绝缘子被鸟啄图片

（二）鸟啄故障规律分析

（1）河北 500kV 辛洹线较长时间处于冷备用状态，铁塔较高，且均压环为非封闭式，鸟类易停留在均压环处啄食复合绝缘子。

（2）山东 500kV 郓泰Ⅱ线为紧凑型线路，绝缘子为 V 形串，所处地区均为平原，沿线树木较多，利于鸟类建巢、生存，直线绝缘子为 V 形，利于鸟类站立，便于鸟类啄食。发生鸟啄故障的 220kV 线路绝缘子均为直线串，绝缘子被啄损坏的部位大都集中在均压装置附近，大部分只是伞裙受损，并未造成芯棒裸露。采用非防鸟啄型均压装置的复合绝缘子，鸟很容易站立在上均压装置上，给鸟啄食复合绝缘子端部创造了有利条件，绝缘子上均压装置和第一片伞裙间的伞套容易被鸟啄食。采用防鸟啄型均压装置的复合绝缘子，鸟不能站立在上均压装置上啄复合绝缘子端部，但仍可站在下均压装置上啄食复合绝缘子。发生鸟啄故障的 110kV 绝缘子为耐张双联复合绝缘子，耐张串接近水平放置，鸟类容易在上方驻足，对复合绝缘子进行啄食。

（3）浙江地区复合绝缘子发生鸟啄的原因主要有四个方面：一是与鸟的生理习性（磨喙）和生活习惯（啄食沙砾补充体内粗纤维）有关系；二是超高压线路建设竣工后，较长时间不带电且铁塔较高，吸引鸟类停留，V 形串复合绝缘子夹角较大、大伞裙突出，便于鸟类站立；三是该地区适宜耕种农作物，鸟类食物充足；四是绝缘子护套、伞裙的材料可能含有鸟类喜欢的芳香气味，护套、伞裙软硬适度，符合鸟类“口感”，且被啄复合绝缘子颜色鲜艳，易吸引鸟类。

（4）河南境内发生啄食绝缘子的鸟类为喜鹊，其种群分部较广，喜欢在有人居住的地方搭建巢穴。由于河南省人口众多，线路沿线基本为农田，线路沿线喜鹊最常见，河南境内每条超特高压线路都有喜鹊筑巢的现象。

（三）结论

通过对以上鸟啄故障统计分析，得出鸟啄复合绝缘子的特点与规律：

（1）线路建设竣工后，较长时间不带电且铁塔较高，吸引鸟类停留，V 形串复合绝缘子夹角较大、大伞裙突出，便于鸟类站立，容易发生啄食。

（2）鸟啄破坏多出现在绝缘子的护套端部、伞裙边缘部位，这与鸟容易站立在端部金具处有关。

二、复合绝缘子鸟啄原因与防鸟啄措施

在众多鸟类中，依据它们的迁徙活动可以分为留鸟、候鸟和旅鸟等生态类型，依据栖息环境可以分为森林鸟、旷野鸟、沼地鸟和水鸟，依据生活方式可以分为游鸟、涉鸟、猛禽、攀禽和鸣禽。这些鸟类中对输电线路形成危害的主要是留鸟，其中以猛禽构成的危害最严重。根据鸟类活动手册，喜欢啄食的鸟类主要有喜鹊、灰喜鹊、乌鸦和大山雀等。

（一）鸟啄复合绝缘子原因

1. 自身因素

由于环境保护意识的提高与国家退耕还林政策的施行，许多鸟类的生活环境得以改善，鸟类的数量增大、种类增加。据调查发现，繁殖季节时，鸟类在户外设备上停留、做窝的数量较其他时节大大增加，并且在铁塔上搭建鸟巢的现象也会增加。鸟类喜欢啄食绝缘子，该现象应该与鸟类的习性有关。鸟类会啄食复合绝缘子可能用以补充体内粗纤维。

2. 外界因素

（1）线路是否带电。鸟啄复合绝缘子现象基本发生在输电线路建成投运之前或者输电线路停电检修时。输电线路带电运行后，周围的电场磁场的变化会对鸟类造成一定的影响。

（2）绝缘子的悬挂方式。鸟类更容易站立于 V 型串和 L 型串上，所以鸟类更容易啄食这样悬挂方式的绝缘子。

（3）绝缘子的颜色。绝缘子的颜色会影响鸟类的啄食，红、灰两色的绝缘子经常遭到鸟类的啄食，其中红色绝缘子啄食现象更为严重。

（4）绝缘子的气味。如果鸟类喜欢复合绝缘子配方中添加剂的芳香气味或物质，则鸟类更有可能啄食这样的复合绝缘子。

（5）鸟啄破坏的部位。由于鸟类站立的原因，复合绝缘子被鸟啄的部位多数集中在绝缘子上端均压装置附近的伞裙和护套之间，其他部位被鸟啄损坏现象并不多见。

（二）防鸟啄措施

（1）防鸟啄的预防措施一般有三种：① 新建输电线路在勘察设计时，应充分考虑运行单位划定的鸟害区，对重点鸟害区及大型候鸟迁徙通道应结合运行经验采取相应的防鸟害措施；② 新建线路路径选择宜避开鸟害重灾区，如河道、沼泽地、林区、水库、养鱼池及油料作物种植地等；③ 新建或改造线路在采取防雷、防冰闪等措施时，要兼顾防鸟，避免为鸟类提供栖息位置，如采用防鸟害类型复合绝缘子。

（2）防鸟啄的技术措施一般有防、驱两种，主要有听觉、视觉、捕杀、化学等方式。听觉方式有爆竹弹发射器、驱鸟车、定向声波、超声波语音、电子爆音声波、煤气炮等。视觉方式有大型激光器、小型激光枪、稻草人、彩色风轮、恐怖眼、玩具动物、防鸟风车等。捕杀方式有猎枪、粘鸟网、猛禽等。化学方式有驱鸟剂、氨水、农药、动物粪便等。防鸟啄技术措施的目的就是要阻止鸟类停留在杆塔及复合绝缘子串上，故传统有效的防鸟啄技术措施都可以使用。

2018 年出现了一种新型防鸟啄复合绝缘子——硬质复合绝缘子，硬质复合绝缘子是指伞裙和护套均为硬质材料的绝缘子。根据伞裙护套材料，硬质复合绝缘子可分为脂环族环氧树脂绝缘子、聚烯烃复合绝缘子等。硬质复合绝缘子具有强度高且重量轻、抗湿污能力强、不易破碎、运送方便等特性，可抵御一定强度的鸟类啄食，是解决复合绝缘子鸟啄问题的一种有效方法，目前在部分地区已经挂网使用。

第四节　复合绝缘子鸟粪闪络案例分析

区别于不直接引起闪络的鸟啄故障，复合绝缘子鸟害还有一类是直接引起闪络的鸟害闪络。鸟害闪络的实质是鸟粪闪络，这类事故占统计中的第二位。近些年这类事故有增多的趋势，且这类事故具有一定区域性，例如河南省的南部地区出现这种情况较多。鸟粪闪络事故复合绝缘子照片见图 6－15。

复合绝缘子鸟粪闪络形式有两种：① 鸟粪落在绝缘子上引起的闪络，绝缘子表面有明显的鸟粪痕迹，这种形式是一般意义上的、普遍认可的鸟粪闪络形式，但是由于鸟粪下落时被伞裙遮挡分隔为多段，实际上直接发生闪络的概率相对较低；② 鸟粪沿均压环外侧但接近均压环处落下，直接导致上下金具间短路放电，而绝缘子上不留鸟粪痕迹。第二种闪络形式过去大多被判定为不明原因闪络，但目前已经被证实是鸟粪闪络。

图 6－15　鸟粪闪络事故复合绝缘子照片

一、复合绝缘子鸟粪闪络典型案例

（一）220kV 蜀惠线鸟粪闪络事故

220kV 蜀惠线投运于 2012 年 4 月，全长 42.52km，全线铁塔 116 基。2017 年 01 月 01 日 05 时，220kV 蜀惠线距离Ⅰ段保护动作跳闸，距惠民变电站 25.1km，距蜀祥变电站 17.6km，A 相故障，重合闸成功。经巡视，蜀惠线 42 号杆左边相绝缘子及均压环上发现明显放电痕迹，绝缘子表面和杆塔上都有大量鸟粪。

事故简要分析：① 现场情况。发生跳闸为 42 号塔，平原地区，以农耕田地为主，闪络绝缘子处有大量鸟粪。② 天气情况。当天天气晴朗，温度 3～11℃，东北风 3 级。③ 原因分析。经过现场勘查，判定此次故障为鸟粪闪络引起的跳闸。

220kV 蜀惠线历年鸟粪闪络故障：① 2013 年 1 月 24 日 06 时，33 号杆中相（B 相）均压环和绝缘子发生鸟粪闪络跳闸，重合闸成功；② 2013 年 2 月 19 日 22 时 32 号杆中相（B 相）均压环和绝缘子发生鸟粪闪络跳闸，重合闸成功。蜀惠线绝缘子放电痕迹及散落鸟粪见图 6－16。

（二）500kV 湛邵线鸟粪闪络事故

500kV 湛邵线建成投运于 2004 年 12 月，2010 年 6 月 24 日 π 接至湛河变电站运行，线路全长 85.06km，共有杆塔 203 基。2017 年 2 月 26 日 06 时，500kV 湛邵线 B 相故障跳闸，重合成功。故障测距显示距湛河变电站 44.1km，距邵陵变电站 35.9km。

事故简要分析：① 现场情况。发生跳闸为 115 号塔，B 相右侧合成绝缘子导线端均压环有明显的放电烧伤痕迹。地面有鸟粪、鸟羽毛，铁塔平口位置有大量鸟粪，塔上绝缘子表面有少量鸟粪。② 天气情况。当天故障区域为晴天，西南风

图 6－16　蜀惠线绝缘子放电痕迹及散落鸟粪

1 级，温度 3℃，无降雨，湿度 84%。③ 原因分析。根据现场情况，排除了雷击、污闪、舞动、风偏、外力破坏等故障原因，结合故障现场地面鸟粪、铁塔与绝缘子表面鸟粪情况，分析认为故障原因为鸟粪闪络。

500kV 湛邵线历年鸟粪闪络故障：① 2011 年 1 月 13 日 07 时，133 号杆 B 相发生鸟粪闪络事故，绝缘子导线端均压环有明显的烧伤痕迹，重合闸成功。② 2013 年 1 月 12 日 06 时，133 号杆 B 相发生鸟粪闪络事故，绝缘子导线端均压环及横担上有明显的烧伤痕迹，重合闸成功。湛邵线绝缘子放电痕迹及散落鸟粪见图 6－17。

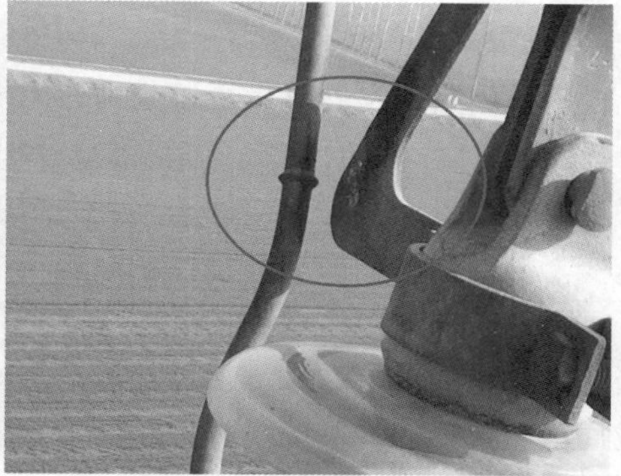

图 6－17　湛邵线绝缘子放电痕迹及散落鸟粪

（三）220kV 轵黄线鸟粪闪络事故

220kV 轵黄线投运于 2012 年 1 月 13 日，全长 27.89km，共 84 基杆塔。2017 年 11 月 8 日 12 时，220kV 轵黄线 B 相跳闸，光纤距离、光纤差动保护动作跳闸，重合闸成功。故障测距显示距离 220kV 黄河变电站 22.9km，距离 220kV 轵都变电站 8.0km。

事故简要分析：① 现场情况。发生跳闸为 28 号杆，B 相小号侧吊串挂点有放电痕迹，绝缘子下均压环和压接处有放电痕迹。杆塔、导线、绝缘子以及杆塔周围有大量鸟粪存在，故障点北部有水库和鱼塘。② 天气情况。当天故障区段为晴，风速为 3m/s，气温 8～14℃，无降水。③ 原因分析。大型鸟类在 28 号塔上活动、排便，鸟粪短接了导线与横担的部分空气间隙，造成了空气间隙的击穿，引起线路跳闸。轵黄线绝缘子放电痕迹及散落鸟粪见图 6－18。

图 6－18　轵黄线绝缘子放电痕迹及散落鸟粪

二、复合绝缘子鸟粪闪络机理与预防措施

（一）鸟粪闪络机理

鸟粪闪络的发展过程可以分为三个阶段：① 鸟粪通道的形成和伸长。鸟粪排出后，以自由落体的方式下落，形成一段细长的下落体。② 绝缘子周围电场发生严重畸变。具有一定导电性的鸟粪通道的介入使绝缘子周围的电场分布发生严重畸变，鸟粪通道的前端与绝缘子高压端之间空气间隙的电场强度大大增加。绝缘子承受的大部分电压都加在了这一段空气间隙上。③ 空气间隙击穿，完成闪络。当鸟粪通道的前端越来越接近绝缘子高压端时，它们之间的空气间隙被击穿，形成局部电弧。当鸟粪的电导率超过一定值时，局部电弧最终发展成闪络。模拟鸟粪闪络试验见图 6－19。

鸟粪闪络的机理可认为是鸟粪的下落瞬间畸变了绝缘子周围的电场分布，鸟粪通道与高压端间发生了空气间隙击穿而导致的闪络，区别于以前直观认为鸟粪淌落在绝缘子表面导致沿面闪络。在以往认为的不明原因闪络中，应有相当一部分实际上属于鸟粪闪络。

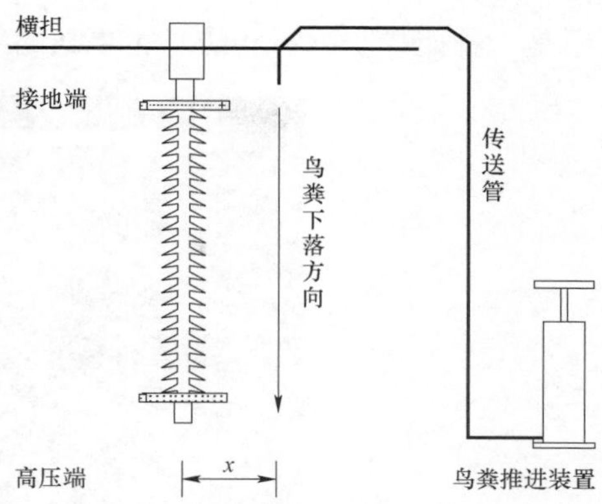

图 6－19　模拟鸟粪闪络试验示意图

（二）鸟粪闪络预防措施

鸟粪闪络事故多数发生在 110kV 和 220kV 等级的电网中。35kV 以下的电压等级多为城市配电网，附近鸟少，且为小鸟，每次鸟粪的量也很少。而且电压低，能击穿的空气距离很小，绝缘子又不加均压环，有伞裙的阻挡，所以鸟粪闪络的概率不大。

110kV 和 220kV 绝缘子，一方面由于电网电压的增加，使可能导致闪络的空气间隙长度也增加了。110kV 的最高运行相电压为 73kV，可能导致鸟粪闪络的最长空气间隙达到 15cm 左右。另一方面，由于绝缘子的绝缘距离还不是很长，鸟粪通道可以较为连续地跨越这一长度。均压环的出现不仅减小了绝缘子的绝缘距离，还进一步加大了可能促发闪络的鸟类排粪范围。因此，110kV 和 220kV 电网最容易发生鸟粪闪络事故。

鸟粪闪络在已查明的闪络复合绝缘子总数中约占 27%，居第二位。现在有越来越多的鸟为了逃避干扰喜欢将窝安置在高压杆塔上，这不可避免地增加了鸟粪闪络的可能性。为解决复合绝缘子鸟粪闪络问题，可以将防鸟刺和大伞裙结合起来使用。可以在每支绝缘子顶部正上方安装 1 只防鸟刺，以防止鸟在绝缘子顶部降落栖息。防鸟刺的直径为 50～60cm，其结构见图 6－20。

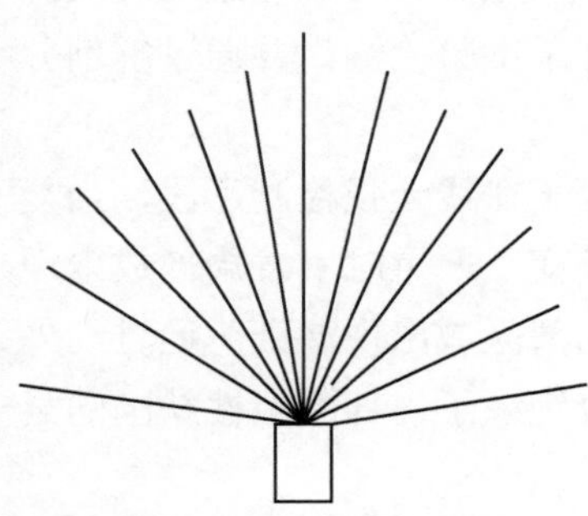
图 6－20　防鸟刺结构图

超大伞裙保护了能造成鸟粪闪络的最危险区域，在绝缘子顶部的防鸟刺防止了鸟在绝缘子顶部降落排粪。飞鸟飞过绝缘子上空排粪或穿过防鸟刺时也能在超大伞裙外沿导线方向区域内造成闪络，但这种概率显然要低得多。

目前采用的防鸟措施还有绝缘子串第一片使用大盘径绝缘子或加装超大直径硅橡胶伞裙、横担上安装防鸟刺和惊鸟装置等，都取得很好的效果。图 6－21 所示是一种兼顾防冰雪和防鸟害事故的绝缘子。

图 6－21　防冰雪、防鸟害复合绝缘子

上述措施在运行中还需进一步完善。例如，大盘径绝缘子和大直径伞裙对于装有均压环的复合绝缘子的效果还需要加强；防鸟刺的防护范围有限且影响线路检修工作，现有的某些防鸟刺易于老化，老化后效果变差；鸟类对各种惊鸟措施和装置（包括涂红漆、挂红旗、挂风铃、安装风鸣器、小风车、反光镜、"恐惧眼"、惊鸟牌等）的适应期较短，仅有 1～2 年。

第五节　复合绝缘子发热案例分析

2017 年初，河南电网 3 条 500kV 输电线路的 5 支复合绝缘子，通过红外测温发现了不同程度的过热缺陷，对发热复合绝缘子进行了试验检测，并通过解剖分析和电场仿真验证了检测结果。

红外检测方法是一种输电线路上常用的复合绝缘子在线无损检测手段，当复合绝缘子内部存在隐蔽性缺陷时，缺陷处电场出现畸变，严重时引发局部放电现象。放电的热量在绝缘子内部积累，最终导致表面局部区域出现温升。通过红外测温仪观察绝缘子表面的温度分布情况，有助于复合绝缘子内部隐蔽性缺陷的早期发现。

一、发热复合绝缘子试验

针对 5 支发热复合绝缘子（编号 1～5 号），完成了七项标准规定的试验项目：外观检查、表面盐灰密、憎水性、额定机械拉力、芯棒耐应力腐蚀、运行电压下红外和紫外测试、解剖检查，同时结合仿真计算进行了分析。

（一）外观检查

通过表面检查，发现1号绝缘子高压侧第1～6组伞间护套表面有纵向裂纹。经DR射线检测，发现部分裂纹接近芯棒表面，其他4支绝缘子护套和伞裙未见裂纹，具体见图6－22。

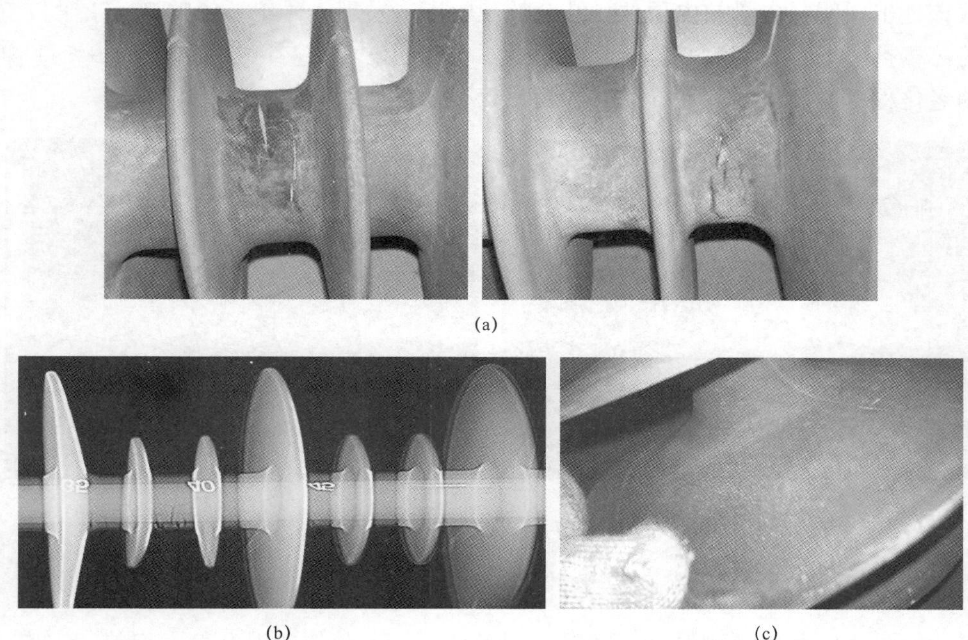

图6－22　1、2号绝缘子外观检查

（a）1号绝缘子护套裂纹；（b）1号绝缘子护套裂纹DR检测结果；（c）2号绝缘子伞裙粉化

（二）憎水性、表面盐灰密测试

通过憎水性、表面盐灰密测试，其中盐密值最大为4号绝缘子（0.137mg/cm²，污秽等级d级），憎水性最低为1号和2号绝缘子，均为HC5级。

（三）运行电压下的红外和紫外检测

通过施加运行电压下的红外试验，发现2号绝缘子温升最大（39.4K），3号绝缘子温升最低（9.4K），对比绝缘子干燥、湿润两种情况，发现两种情况下的发热位置及温升数值相近，见图6－23。分析认为绝缘子发热受表面污秽泄漏电流影响较小，而芯棒与护套交界面缺陷处发生的局部放电现象是导致其发热的主要原因。通过解剖检查与扫描电子显微镜检测，发现发热处芯棒、硅橡胶均存在许多孔洞，而未发热处芯棒的玻璃纤维和环氧树脂填充较为完整，验证了此发热原因的分析。

通过紫外试验，发现仅 1 号绝缘子的 9～11 伞间外部检测到紫外光子，干燥时光子数 1140，湿润时光子数 15 000，2～5 号绝缘子未见明显电晕放电。分析认为 1 号绝缘子的 9～11 伞间处芯棒表面或芯棒与护套交界面存在气隙或缺陷，导致该处出现明显电晕放电现象。结合解剖验证，发现 1 号绝缘子的 7～11 伞位置的芯棒护套很容易剥离，芯棒表面明显酥朽，通过对比，1 号绝缘子的 9～11 伞的老化程度明显重于其他样品，表明此处存在气隙或缺陷。

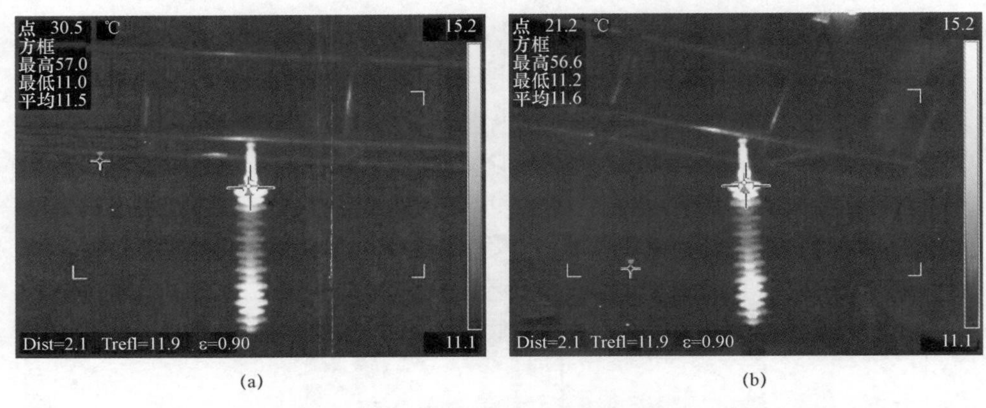

(a) (b)

图 6-23 干燥、湿润情况下 2 号绝缘子发热情况

（a）干燥情况下 2 号发热情况；（b）湿润情况下 2 号发热情况

通过不同角度观测温升，发现 2 号绝缘子同一位置的温升最大相差 16.6K，且某一方向的温升值高于其他方向，分析认为温升处与绝缘子内部缺陷位置相对应，即 2 号绝缘子高压端内部缺陷分布其一周，7～8 伞内部缺陷分布在一侧，见表 6-2。结合 2 号绝缘子解剖检查，验证了温升处与绝缘子内部缺陷位置对应的推断。

表 6-2　　不同角度温升记录

角度	温升（K）			
	1 号绝缘子		2 号绝缘子	
	7～8 伞	9～11 伞	球头端	7～8 伞
正前（0°）	17.7	17.9	34.7	13.0
正左（90°）	21.1	22.4	27.8	10.4
正后（180°）	20.3	21.6	35.6	13.6
正右（270°）	16.4	19.0	39.4	27.0

通过正反加压试验下的红外和紫外检测，发现 1～5 号绝缘子反向加压时，各自的发热与电晕放电程度均比正向加压明显减轻，分析认为由于绝缘子原本存在气隙或缺陷的位置处电场强度降低，缓解了局部放电等现象，从而减轻了发热与电晕放电程度。

（四）额定机械拉力试验

试验时分别快速升高至额定载荷 180kN，维持 1min，其中 4 支绝缘子通过额定机械拉力试验，1 号绝缘子在加载荷到 140kN 时 9～17 伞间多处护套破裂并弯折，内部芯棒已经无法满足额定载荷要求，该支绝缘子最大温升 22.4K。同时，5 支发热绝缘子通过了 96h 的芯棒耐应力腐蚀试验。

（五）解剖检查

通过解剖检查，发现 5 支绝缘子芯棒表面、芯棒与护套交界面均存在不同程度的老化现象，其中温升值最大的 2 号绝缘子发热处的芯棒表面蚀损严重，颜色发黑，表面覆盖一层黑灰色粉末，芯棒表面的老化从球头延伸至第 5 组伞，长度约 0.48m，占绝缘子全长的 9%，如图 6－24（a）所示。从芯棒断面上看，高压端芯棒的表面均已老化，而 7～8 伞芯棒的老化仅在一侧。整体缺陷分布上看，从高压端到低压侧，芯棒表面缺陷越来越小。这也验证了之前通过不同角度观测温升，温升处与绝缘子内部缺陷位置对应的推断。

1 号绝缘子发热位置芯棒一侧的护套很容易剥离，芯棒表面明显老化。芯棒表面的老化从球头延伸至第 19 组伞，长度约 1.52m，占绝缘子全长的 35%，如图 6－24（b）所示。从芯棒断面上看，验证了之前绝缘子的内部缺陷分布在一侧的推断。

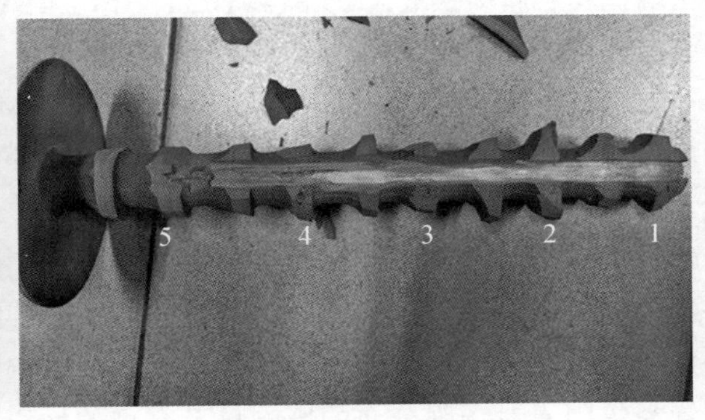

(a)

图 6－24　绝缘子发热位置芯棒及护套老化情况（一）

（a）2 号绝缘子高压端芯棒表面蚀损及分布情况

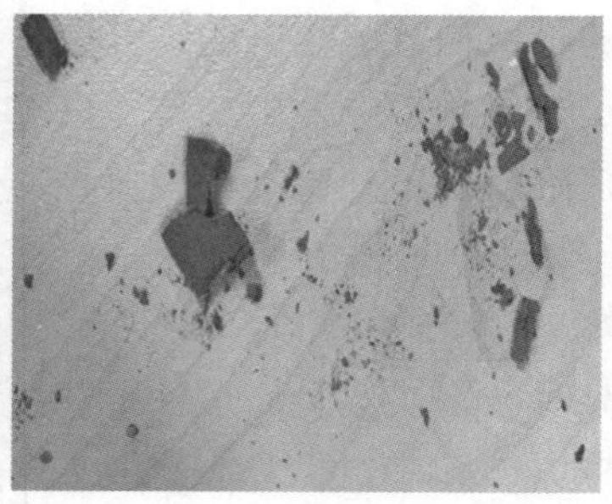

(b)

图 6-24 绝缘子发热位置芯棒及护套老化情况（二）

（b）1 号绝缘子高压端芯棒表面蚀损情况

（六）运行电场分析

通过对比，发现 1～5 号绝缘子高、低压端的均压环配置尺寸相差较大（高压侧均压环外径 400mm，低压侧 195mm），与 DL/T 1000.3—2015 中推荐的 500kV 线路均压环配置存在差异，该标准推荐的均压环配置尺寸为高压侧均压环外径 370mm，低压侧 350mm。

为分析是否因均压环设计选型原因造成绝缘子场强畸变，从而导致复合绝缘子加速老化及发热，基于有限元电场仿真和均压环现场配置，计算 2 号绝缘子不同均压环配置对高低压侧以及护套沿面的电场分布的影响。

建立 2 号绝缘子三种均压环配置的绝缘子模型，包括现场配置、标准配置和等径配置（高低压侧均压环外径均为 400mm）。计算表明，现场配置下的绝缘子高压端护套表面场强最大（5.814kV/cm），标准配置下的绝缘子高压端护套表面场强最小（4.984kV/cm），前者比后者场强增大了 16.7%，见图 6-25。2 号绝缘子在运行中，高压侧端部长期处于高场强，在潮湿、重污秽等条件下更易发生场强畸变甚至电晕放电，从而导致绝缘子端部护套和芯棒在强电场下老化加速。

计算结果表明，2 号绝缘子运行中应用的均压环配置，会造成绝缘子端部长期处于高场强，通过改进其均压环，可使得其场强分布更均匀，从而减小因电场畸变造成复合绝缘子老化加速的影响。同时，对于绝缘子已存在内部缺陷、均压环管径等因素对场强分布的影响以及合理的均压环推荐配置仍需进一步分析。

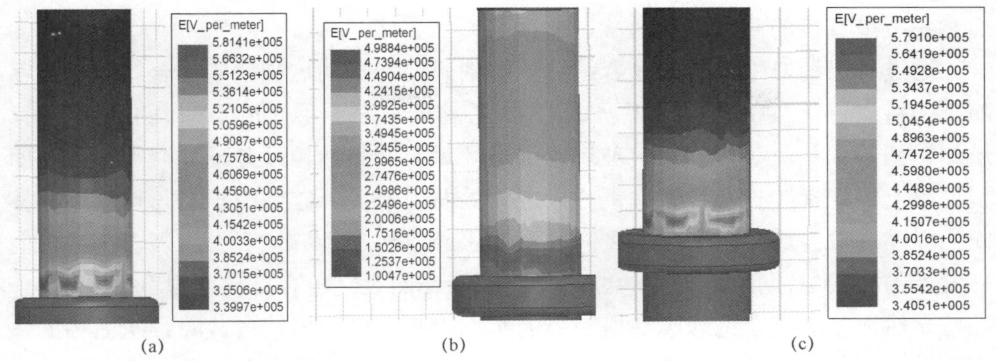

图 6－25　2 号绝缘子不同配置下表面场强分布

（a）现场配置；（b）标准配置；（c）等径配置

二、结论与建议

（1）通过解剖检查，发现绝缘子发热位置的芯棒表面、护套与芯棒交接面已经出现老化、酥朽现象，其中发热最严重位置的芯棒老化、酥朽程度也最严重，表明了温升处与绝缘子内部缺陷位置相对应，温升的大小与内部缺陷严重程度相对应。

（2）5 支绝缘子当前应用的均压环配置会增加高压端电场强度，分析认为绝缘子高压端芯棒长期处于强电场中，在电场和潮气影响下（类似芯棒脆断原因）环氧树脂出现孔洞，孔洞的出现加剧了电场的畸变，导致芯棒劣化加速，出现芯棒酥朽、护套老化甚至是纵向贯穿裂纹。

此外，芯棒与护套交界面可能存在空隙，电场作用下绝缘子内部发生局部放电，引起绝缘子发热，同时造成芯棒（环氧树脂的氧化分解）和硅橡胶（脱水反应）劣化，因此上述两种因素综合作用造成了绝缘子异常温升。

（3）计算结果表明，改进当前发热绝缘子的均压环设计选型，可使得其场强分布更均匀，从而减小电场畸变对复合绝缘子老化的影响。

第六节　复合绝缘子酥断案例分析

近年来，在常见的复合绝缘子通常断裂和脆性断裂研究过程中，出现了绝缘子酥朽断裂（简称酥断）这种特殊的劣化损坏形式。酥朽断裂是在受潮、放电、电流、酸性介质、机械应力共同作用下复合绝缘子的异常断裂现象。芯棒中环氧树脂基体的降解、劣化是酥朽断裂的主要特征，也是区别酥朽断裂与脆性断裂、通常断裂最直接的判据。

通过对已经发生断裂的复合绝缘子解剖研究，发现这种新的复合绝缘子异常断裂的特点包括：① 芯棒出现严重劣化（芯棒宏观断面不光滑、芯棒的质地变酥、形如枯朽的木头，芯棒粉化、玻璃纤维与环氧树脂基体相互分离等）；② 芯棒断裂处附近的硅橡胶护套与玻璃钢芯棒之间界面失效；③ 硅橡胶护套与玻璃钢芯棒间的界面失效区域多与高压端之间通过碳化通道相连；④ 护套上出现若干由内向外发展的横向电蚀孔；⑤ 发生断裂的绝缘子在断裂之前存在异常温升现象。

显然地，对复合绝缘子酥朽断裂的早期诊断是电力系统内故障预防面临的重要问题。由于可能发生断裂的绝缘子在断裂之前存在异常温升现象，因此红外测温检测是发现潜在的复合绝缘子酥朽断裂事故的有效手段。

一、复合绝缘子酥断典型案例

（一）500kV 洹获线复合绝缘子

2013 年 10 月 10 日，河南省交流 500kV 洹获Ⅰ线发生一起复合绝缘子断裂故障，断裂的复合绝缘子为紧凑型杆塔中相双 V 形串右侧的一支，V 形串夹角为 141°，断裂部位在靠近导线端第一片大伞裙处。故障发生后更换了断裂绝缘子及其对侧的两支完整绝缘子。

断裂的复合绝缘子串运行时间为 10 年，结构高度为 4360mm，芯棒直径（不带护套）为 30mm，护套厚度为 5mm，伞裙结构为一大两小结构，共 60 个单元（1 个大伞和相邻 2 个小伞为 1 个单元）。500kV 洹获线断裂复合绝缘子见图 6-26。

图 6-26　500kV 洹获线断裂复合绝缘子

（二）500kV 陕瀛线复合绝缘子

500kV 陕瀛Ⅰ、Ⅱ线，是 500kV 陕州变电站至 500kV 瀛洲变电站一条同塔双回超高压输电线路。线路全长 91.5km，共有铁塔 210 基。2016 年 11 月底，检修人员通过手持红外检测、国网通航直升机航巡发现 2 基 2 支复合绝缘子存在发热缺陷。陕瀛Ⅱ线 30、168 号塔各 1 支复合绝缘子局部发热，最高温升达 14.2℃。随后，检修人员安排无人机小组对陕瀛Ⅰ、Ⅱ线开展全线绝缘子红外测温，发现 28 基杆塔共 53 支绝缘子存在不同程度温升，其中陕瀛Ⅰ线 13 基 24 支，陕瀛Ⅱ线 15 基 29 支。500kV 陕瀛线发热复合绝缘子见图 6－27。

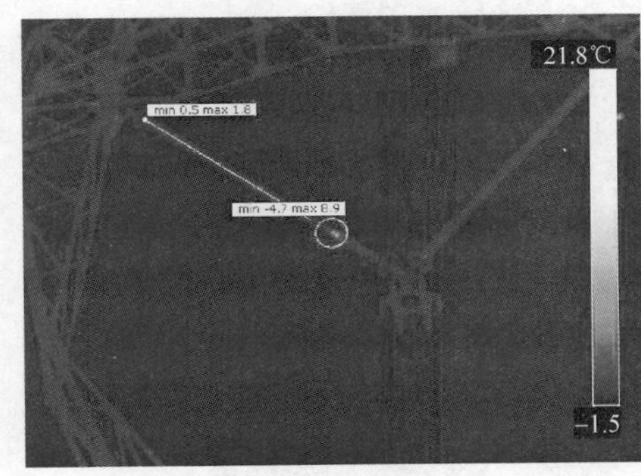

图 6－27　500kV 陕瀛线发热复合绝缘子

二、酥断复合绝缘子试验分析

以 500kV 洹获线断裂复合绝缘子为例，对酥断复合绝缘子进行试验分析。

（一）外观检查

对更换的绝缘子外观检查，断裂发生在第 1 单元（高压侧的第 1 片大伞裙和相邻 2 个小伞裙为第 1 个单元）的大伞裙处，导线端芯棒断口处呈现出不规则拉断和碳化现象。断口附近的伞裙护套上有明显裂纹，裂纹一支延伸到高压端金具附近，并有部分护套块状脱落导致芯棒裸露在空气中。此外，绝缘子护套的第 1～12 单元均出现了不同程度的龟裂和电蚀，护套上出现若干由内向外发展的横向电蚀孔，绝缘子整体积污严重。断口和伞裙护套的照片如图 6－28 所示。

（二）绝缘子伞裙老化程度检测

（1）憎水性试验：按照 DL/T 1000.3—2015 的测试要求，采用喷水分级法测试断裂绝缘子串的憎水性。测试随机选择断裂复合绝缘子串中 5 片完整的伞裙，如图 6－29 所示。试验结果显示，该支复合绝缘子串的憎水性等级为 HC4～HC5。

（2）耐漏电起痕及电蚀试验：选取了断裂复合绝缘子高低压侧两侧对称位置的 4 片大伞进行耐漏电起痕及电蚀试验。试验装置为 NDHN－HVAD 型交/直流漏电起痕仪，控制试验电压为 AC 4.5kV，污液滴速为 0.6mL/min，试验时间为 6h，测试样品的电蚀深度，测试结果见表 6－3。

图 6－28　断裂复合绝缘子断口和护套

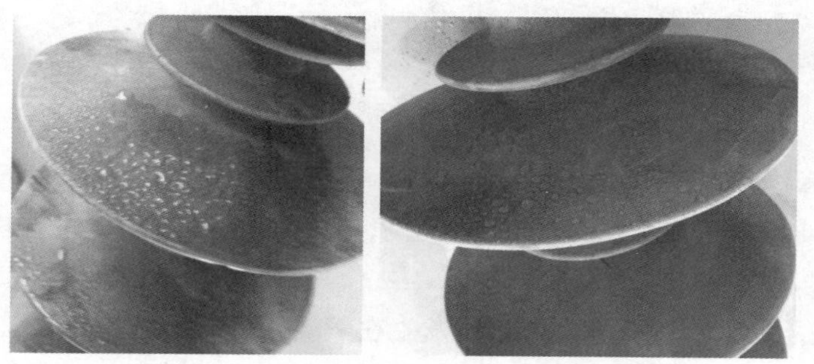

图 6－29　断裂复合绝缘子憎水性测试

表 6－3　　　　　　**耐漏电起痕及电蚀试验结果**

试验编号	大伞取样位置	伞裙磨片后表面硬度（Shore A）	电蚀深度（mm）
1	第 47 单元	65	0.8
2	第 13 单元	68	0.9
3	第 44 单元	66	0.8
4	第 16 单元	65	0.7

（3）拉断强度试验和撕裂强度试验：对试验样品进行了伞裙拉伸（拉断）、撕裂性能试验，试验结果见表 6－4。

将上述测试结果与 DL/T 1000.3—2015 要求进行对比，结果显示：该复合绝缘子伞裙的憎水性符合运行要求，但是憎水性下降。根据老化判断依据可以得到该断裂复合绝缘子的硅橡胶处于老化早期阶段。

表 6-4 拉断强度试验和撕裂强度试验结果

试验编号	伞裙磨片前硬度（Shore A）	撕裂强度（kN/m）	扯断强度（MPa）	拉断伸长率（%）	伞裙磨片后表面硬度（Shore A）
1	72～74	14.1	6.6	208	62
2	72～74	13.7	6.2	176	68
3	72～74	13.0	6.2	188	64

（三）绝缘子解剖检测

为了分析断裂原因，对绝缘子两端对称位置处的芯棒进行解剖，确认高低压端芯棒的劣化程度。剖开断裂绝缘子第 12 单元和第 48 单元大伞位置的护套，芯棒情况如图 6-30 所示。

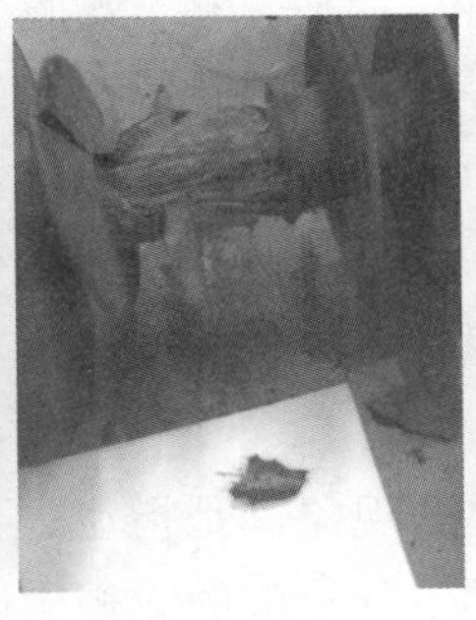

(a)

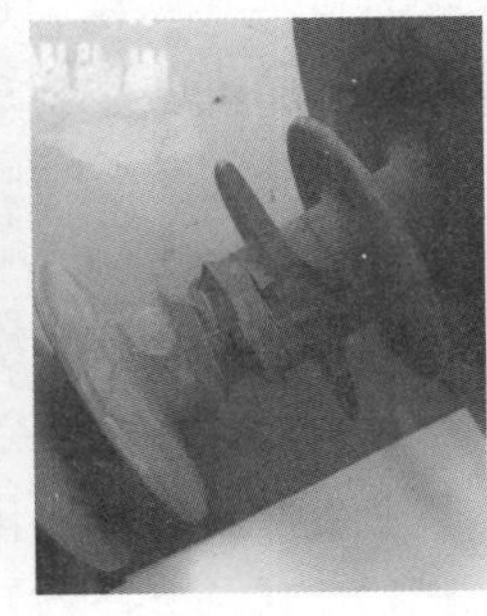
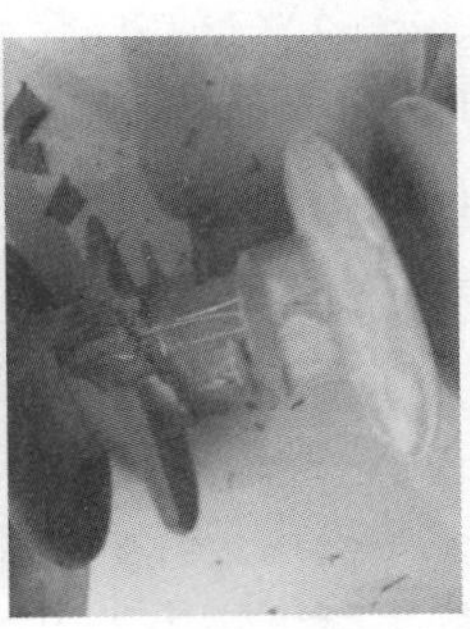

(b)

图 6-30 断裂复合绝缘子高低压端芯棒比较

（a）高压端（断裂端）；（b）低压端（断裂对端）

从图 6-30 可以看到，靠近断裂端（高压端）的芯棒上有黑色蚀孔，碳化现象由蚀孔沿芯棒纵向发展，未被电蚀的部分也出现了粉化现象；低压端的伞裙比较容易剥离，芯棒表面有少许硅橡胶残留，芯棒没有电蚀和粉化的痕迹。通过比较发现，高压端和低压端的劣化程度有显著差别，高压端的劣化程度明显高于低压端。

根据复合绝缘子检查结果分析，由于护套的龟裂，造成芯棒直接与空气接触，在电场、雨、电解质等的综合作用下，芯棒表面湿气在高场强局部放电下产生酸，芯棒逐渐发生电腐蚀，最终造成芯棒酥朽断裂。

芯棒与护套界面发生局部放电，造成芯棒与护套的老化与蚀损。在长期局部放电作用下，护套表面形成蚀孔，潮气进入后，加剧芯棒和护套的蚀损与老化，最终发生酥朽断裂。

（四）试验结论

对500kV洹获线断裂复合绝缘子和陕灞线发热复合绝缘子样品进行了试验研究，得到如下结论：

（1）洹获线和陕灞线复合绝缘子故障都是酥朽老化引起。在较低应力负荷下，酥朽老化是芯棒内部蚀损的一个渐进性过程，其直接表现特征为局部发热，且与绝缘子护套外观裂纹等缺陷的直接关系不明显，红外精确测温是早期发现此类故障的有效办法。

（2）酥朽老化的形成过程与复合绝缘子制造过程中造成的内部缺陷引起的局部放电有关。长时间局部放电引起绝缘子发热，同时造成芯棒玻璃纤维表面蚀损、环氧树脂氧化分解、硅橡胶劣化、硝酸根离子产生，从而导致芯棒机械性能下降。强电场会加剧电场的畸变，导致复合绝缘子劣化加速。

（3）酥朽断裂主要的特征是芯棒中环氧树脂基体的降解和劣化，局部放电破坏环氧树脂基体，酸性介质和机械应力导致玻璃纤维应力腐蚀断裂。环氧树脂基体的降解、劣化与否是区别酥朽断裂与脆性断裂、通常断裂最直接的判据。

第七节　复合绝缘子粉化案例分析

粉化是降解作用使硅橡胶表面粉状化的现象，是指在热、光、机械力、化学物、微生物等外界因素作用下，聚合物发生分子链的无规则断裂、侧基和低分子的消除反应，致使聚合物和相对分子质量的下降。其原因是硅橡胶因光、氧、臭氧等因素作用而发生的老化降解，使硅橡胶与填充剂结合力丧失，以致填料等以粉末状析出表面的现象。在大气暴晒中硅橡胶吸收紫外光发生光、氧老化，粒子从硅橡胶表面析出成为稀疏的细粉，在风、水等作用下细粉脱离硅橡胶表面形成表面粗糙的微结构和发生颜色的变化。粉化是老化的一种表现形式。

多年的运行经验表明，复合绝缘子在干燥、高海拔、盐雾、强紫外等环境会发生不同程度粉化现象。由于使用量越来越多，使用环境越来越复杂，最近几年复合绝缘子在运行中出现粉化已成为普遍现象，且环境不同，粉化的表象有差异。

虽然尚未发现粉化直接导致电网故障的事件，但粉化的确存在安全隐患。复合绝缘子长期暴露在各种复杂的大气环境中会逐渐老化，导致憎水性降低、漏电起痕电蚀严重、色彩发生变化、伞裙脆化等现象发生，这些现象其实都是逐渐粉化造成的。

一、复合绝缘子粉化典型案例

调查发现，粉化复合绝缘子的污耐受性能降低，严重粉化可导致芯棒外露、腐蚀并导致掉串、掉线等恶性事故。2017 年特高压 1000kV 南荆 I 线出现部分复合绝缘子伞裙粉化现象；2016 年某±500kV 线路 218 支复合绝缘子伞裙出现粉化现象，粉化后绝缘子憎水性无明显规律，大部分绝缘子憎水性良好 HC1～HC2 级，个别绝缘子憎水性完全丧失；2015 年某地区抽检发现 110、220kV 线路 411 支复合绝缘子出现粉化现象；2015 年殿广、湾石、湾孔 3 条 110kV 输电线路部分复合绝缘子出现了粉化现象。不同电压等级输电线路都出现过复合绝缘子粉化现象，1000kV 特高压交流复合绝缘子粉化外观见图 6－31，沿海 110kV 粉化绝缘子外观见图 6－32，雪峰山试验基地粉化绝缘子见图 6－33。

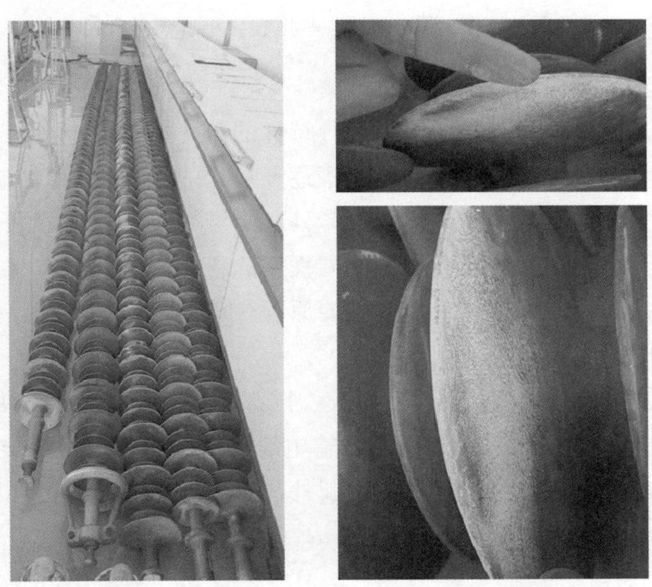

图 6－31　1000kV 特高压交流复合绝缘子粉化外观

(a)　　(b)

图 6－32　沿海 110kV 粉化绝缘子外观

（a）粉化后局部外观；（b）粉化与未粉化绝缘子对比

图 6-33　雪峰山试验基地粉化绝缘子外观

二、复合绝缘子粉化原因与影响因素

长期以来，国内外对复合绝缘子运行特性的研究主要集中在粉化造成的老化特性上，对于各种运行环境中复合绝缘子逐渐粉化的物理机制、引起粉化的条件和规律缺少研究。在盐雾、强电场、强紫外、高湿等多物理场分别作用、组合作用和综合作用下复合绝缘子均会发生不同程度的粉化，例如辽宁、上海地区粉化的关键因素是盐雾，河南地区粉化的主要原因是重污秽、大温差、强紫外线、高湿等条件。

随着 1000kV 特高压交流、±800kV 特高压直流输电线路快速发展以及±1100kV 特高压直流即将投运，特高压输电线路使用的复合绝缘子结构更长，线路跨越区域更广，复合绝缘子面临的强紫外、高湿、盐雾等恶劣环境条件更为复杂，粉化的问题将更为突出。

（一）粉化原因

国内外对复合绝缘子粉化研究较少，老化研究很多，其实粉化是老化的微观过程，从老化研究中也可表明粉化存在的影响。相关粉化研究认为：复合绝缘子在海盐、污秽、强紫外线、长期水分浸润等作用下会发生降解过程，其硅橡胶材料大分子可分解成较小分子，表面碳原子数量减小，氧原子数量增加，分子量降低。

（二）粉化影响因素

引起复合绝缘子粉化有多种因素，主要有紫外线、湿雾、场强等。

（1）紫外线的影响。紫外光辐射引起 HTV 硅橡胶的大分子链断裂，内部结构改变，使其发生氧化和降解等化学反应，导致复合绝缘子出现不同程度的龟裂、粉化，表面憎水性降低。

华北电力大学在干燥环境下对特高压和超高压复合绝缘子材料进行紫外加速老化试验。结果表明，试品硬度均变大，憎水性均部分丧失，填充物外露，$Si-CH_3$键和 $Si-O-Si$ 键的峰面积均减小，通过 2000h 紫外线辐射引起硅橡胶分子侧链的断裂，加速材料老化。

（2）高电导率雾的影响。清华大学研究了高电导率雾对复合绝缘子憎水性的影响，发现在高电导率雾中受潮会导致染污硅橡胶表面的憎水性下降。受潮结束后，憎水性的恢复与污秽物中的不溶物成分有关，可溶盐与不溶物的比值越高，憎水性恢复越慢，且环境湿度越高，憎水性恢复越慢。重庆大学研究了憎水性表面水珠的放电特性，发现水珠间放电产生的热和臭氧导致硅橡胶表面分子发生裂解、氧化、交联、水解和缩合等反应，产生亲水性硅醇、破坏甲基的对称结构、含氧量增加，导致了憎水性降低。

（3）强电场的影响。西安交通大学针对运行复合绝缘子电场分布特点，分析比较了不同位置伞裙电场特征，并根据高、低场强区复合绝缘子断面扫描电镜结果，研究了复合绝缘子电老化、紫外老化因素下表现出的微观结构特性。结果表明，高场强区的电老化深度明显大于低场强区，老化现象发生在表面。

（4）高湿浸润的影响。华北电力大学通过将 HTV 硅橡胶试样置入臭氧体积分数为 300×10^{-6}环境中进行不同时间的老化试验。通过对试样进行扫描电镜、憎水性和热刺激电流测试发现，随着相对湿度增加，试样表面的孔洞和裂纹增加，静态接触角降低并逐渐出现次能级陷阱，主能级陷阱逐渐加深，陷阱电荷量增大。

第八节　复合绝缘子不明原因闪络案例分析

复合绝缘子在输电线路挂网运行过程中，有明显原因发生的瞬间闪络包括：大气过电压引起的雷击闪络，飞禽粪便引起的鸟粪闪络，污秽雨水形成雨帘引起的雨闪，伞裙边缘形成含有导电物冰溜子引起的冰闪，污物雪短接伞裙间引起的雪闪和绝缘表面污秽物湿润后引起的污闪。除了这些有明显原因的闪络外，其他没有明显原因的闪络均划入复合绝缘子的“不明闪络”，并且统计数字来看，复合绝缘子发生不明闪络占有相当比重。在尚未对其原因进行透彻分析前，暂且称这些闪络为不明闪络。

一、复合绝缘子不明原因闪络典型案例

（一）110kV某线路复合绝缘子不明原因闪络跳闸分析

1998年4月15日，110kV某线路零序Ⅱ段动作跳闸，重合成功。经登杆检查，认为该线36号塔B相复合绝缘子闪络放电，当时天气晴朗，有晨雾、无雷暴，系统无任何操作。该复合绝缘子挂网时间为1994年10月，所处污区Ⅱ级，周围环境为水田，无大的或异常污秽点。同年10月31日，110kV某线路出线端距离Ⅰ段d保护动作，对侧零序Ⅰ段、距离Ⅱ段保护动作，断路器跳闸，重合成功。后经检查发现该线路22号杆B相复合绝缘子有闪络痕迹，接地螺栓明显烧伤，当时有晨雾、无雷暴，系统无任何操作，该复合绝缘子挂网时间为1995年6月，所处污区Ⅱ级，周围环境为桑田，无大的或异常污秽点。

据故障情况可确认:① 排除雷电过电压和操作过电压引起故障的可能;② 沿线盐密测试为Ⅱ级，污秽没有突发性变化；③ 闪络绝缘子伞裙表面有白色灼伤遗留物；④ 闪络时间均在早上，有雾。据此可认为复合绝缘子属“不明原因”闪络。

在挂网运行过程中，发生不明闪络的复合绝缘子的各种性能和参数与没有发生闪络的产品不存在明显的差别。只有均压环烧痕，绝大多数伞裙边缘外表面和上下几个伞裙上表面局部有白色微粒状遗留物，这种状况与间隙闪络的复合绝缘子外观近似，属于间隙闪络性质。

不明闪络的复合绝缘子是由于绝缘表面结构形状、尺寸与随机变化的自然环境因素相互作用，而使伞裙边缘间隙呈现瞬时绝缘参数降低所引起的。

根据复合绝缘子绝缘性能特点，合理选择伞裙结构形状和尺寸，如可选择伞裙上表面倾角为10°、下表面无倾角及伞裙边缘无滴水沿的伞形结构，可加大伞裙的直径、增加伞间距，明显减少伞裙边缘效应，有利于减少复合绝缘子不明间隙闪络。

（二）220kV某线路复合绝缘子不明原因闪络跳闸分析

（1）2007年9月21日220kV某线路故障跳闸经过及处理情况。9月21日20时，220kV某线路光纤纵差和接地距离Ⅰ段保护动作，重合成功。经查52号中相跳线复合绝缘子有明显放电痕迹，导线侧均压环（横担侧未安装）有电烧伤孔洞，跳线串挂点处和重锤上也有放电现象。9月22日13时，带电更换52号中相跳线复合绝缘子。

（2）现场情况。故障绝缘子为2001年10月安装的220kV复合绝缘子，绝缘子伞裙和芯棒表面均有明显放电痕迹，导线侧均压环有一个电烧伤洞，如图6-34所示。

图 6－34　复合绝缘子端部烧伤痕迹

附近 220kV 某线路 62 号可视系统气象数据：9 月 21 日 18 时，温度 23℃，湿度 41%，风速 4.66m/s；9 月 21 日 21 时，温度 20℃，湿度 48%，风速 4.66m/s。9 月 21 日 20 时，该线路当时的输送负荷为 169.41MW，线电压为 228.79kV。

图 6－35　复合绝缘子端部密封胶开缝

经过初步分析，故障时天气状况良好，没有外力（鸟害）现象。绝缘子端部金属头密封胶有开裂，金属端部内侧有放电烧黑迹象，可能绝缘子质量问题导致绝缘子闪络放电，如图 6－35 所示。

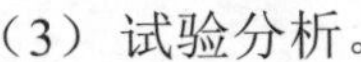

（3）试验分析。

1）憎水性试验。憎水性试验结果：大部分伞裙为 HC5 级以上，个别区域憎水性丧失，如图 6－36 所示。

图 6－36　复合绝缘子憎水性试验

2）工频耐受及温升试验。工频电压 500kV 耐压 30min，同时用红外成像检查温升不超过 20K 为合格。

试验结果显示，送检的 3 支同期产品均未发现问题，并且闪络绝缘子和同批次另外两支复合绝缘子的温升没有差异。

（4）分析结论。

1）由于未发现鸟粪痕迹，并且结合闪络绝缘子所处的杆塔位置，可以排除鸟害闪络。

2）复合绝缘子在持续大雾、连阴雨、结露及融冰雪等条件下发生憎水性闪络，一般原因为复合绝缘子憎水性暂时消失。但是本次故障当时天气良好，并且复合绝缘子憎水性没有丧失，工频耐受及温升试验正常。

3）根据工频耐受及温升试验的结果，认为其闪络的原因很可能是异物短路等外因造成的。

二、复合绝缘子不明原因闪络原因分析

在外界环境良好的条件下，复合绝缘子发生的不明闪络都是瞬间出现便立即消失的。对于输电线路上复合绝缘子发生不明闪络，不可能观察到闪络过程中的各种现象，也无法掌握闪络瞬间周围的环境因素，更难在发生闪络瞬间测试出有关数据。这可能是由于外绝缘表面在自然环境下，出现瞬间绝缘性能降低所引起的，也有可能是与随机变化自然环境因素相互作用，而呈现瞬时绝缘参数降低所致。

（一）不明闪络外在表现

有明显原因的闪络，属于外绝缘表面爬电性质的闪络。发生污闪的绝缘子从输电线路取下来进行外观检查发现，在两端金具端部边缘有较深电弧烧痕，沿着整支复合绝缘子的外表面，都布满白色的微粒状遗留物。这种白色微粒状遗留物是氢氧化铝受热后析出的氧化铝微粒。

对于不明原因闪络，两端均压环通过伞裙边缘形成电弧闪络路径，属于伞裙边缘间隙闪络。发生这种间隙闪络的绝缘子，从输电线路拆下来进行外观检查发现，在两端均压环对称处，都存在大电流放电烧损的痕迹。对于空心管均压环烧损是圆洞状，而实心均压环在环径存在较深熔化状缺陷，两端金具部件外表面没有任何电流烧痕。检查其外绝缘表面，只有在均压环烧损部位对应的伞裙边缘外表面和上下几个伞裙上表面局部有白色氧化铝微粒遗留物，且接地端伞数比导线端少。这种以点状散布在表面的白色氧化铝微粒遗留物轻擦即无，擦过的伞裙表面无任何永久性变化，外绝缘表面其余部位均无爬电痕迹。由此可见，这种外表

面状况的不明闪络属于伞裙边缘间隙放电的闪络。

（二）不明闪络原因分析

不明原因闪络不像其他间隙闪络环境气候因素那样明显、间隙出现异常现象那样直观、长期运行实践积累经验那样被认可，复合绝缘子发生不明闪络实际上是绝缘表面结构形状与随机变化自然环境因素相互作用，而使伞裙边缘间隙呈现瞬时绝缘参数降低所引起的。

根据了解和调查，发生不明间隙闪络都是在地表面潮湿、昼夜温差大的季节，且在午夜到凌晨的一段时间内。这种时段的温差大，凝结在伞裙表面带着污尘的水分在材质表面形成水珠，水珠滚动到伞裙边缘滴水沿处，形成水带，受极不均匀电场的作用，水带直接影响绝缘性能，大大地降低闪络电压。在这种季节里，地表面易出现逆温层，使地表面附近的空气被关在有限的空间内，地表面附近空气所含污秽物可达到极高的程度，污秽物与滴水沿水带随机相互作用瞬间可能出现电阻极低的状态，引发伞裙边缘间隙闪络，输电线路重合闸动作后，将恢复正常运行。在一般情况下，这种随机性出现的逆温差时间极短，但有时也会重复出现。在国内曾经发生过复合绝缘子不明闪络，换新复合绝缘子后，又在极短时间内出现不明间隙闪络，这就是逆温层在数天内重复出现的明显例子。

另外，在运行过程中，异物飘至绝缘子附近或附着在绝缘子上，也是造成复合绝缘子不明闪络的原因之一。常见的异物包括鸟粪、带金属丝的风筝线、锡箔纸、塑料绳、塑料袋、大棚用塑料薄膜等，闪络后异物被电弧烧毁、被风吹走，或因其他原因离开绝缘子表面，在未发现证据的情况下被视为不明原因闪络。

除上述分析的原因外，不明闪络还有其他原因，如过电压、局部气候气象、鸟害问题等，只有实地调研与观察，才可能找出闪络的真正原因。